单兵装备

INDIVIDUAL EQUIPMENT MOOK 001

指文战甲工作室　著

台海出版社

图书在版编目（CIP）数据

单兵装备001 / 指文战甲工作室著. -- 北京：台海
出版社, 2016.2（2024.7重印）
　　ISBN 978-7-5168-0853-5

　　Ⅰ.①单… Ⅱ.①指… Ⅲ.①单兵－武器装备－介绍
－世界 Ⅳ.①E92

　　中国版本图书馆CIP数据核字(2016)第030269号

单兵装备001

著　　者：指文战甲工作室

责任编辑：刘　峰　　　　　　　　策划制作：指文文化
封面设计：王　星　　　　　　　　责任印制：蔡　旭

出版发行：台海出版社
地　　址：北京市东城区景山东街20号　　　邮政编码：100009
电　　话：010－64041652（发行，邮购）
传　　真：010－84045799（总编室）
网　　址：www.taimeng.org.cn/thcbs/default.htm
E－mail：thcbs@126.com

经　　销：全国各地新华书店
印　　刷：重庆长虹印务有限公司
本书如有破损、缺页、装订错误，请与本社联系调换

开　　本：787mm×1092mm　　　　1/16
字　　数：250千字　　　　　　　　印　　张：12
版　　次：2016年2月第1版　　　　印　　次：2024年7月第2次印刷
书　　号：ISBN 978-7-5168-0853-5

定　　价：79.80元

序

对军人来说，单兵装备是最贴近个人需求的物品，是在战场上保证作战能力的关键。对军事发烧友来说，单兵装备是了解现代军旅生活的最佳物品，同时也是最容易获得的"军品"。

在历史长河中，单兵装备经历了数次较大的变革。冷兵器时代，军人的单兵装备大多以武器、防具为主，没有成套系的设计和统一的规格，其形制主要取决于个人喜好和财力状况。进入火药时代，由于军队职业化的推进，成套系的设计开始出现。早期的制式单兵装备大多以军服、武器及周边为主，设计具有一定的随意性，虽然能够在一定程度上提升士兵的作战能力，但在细节方面考虑不周，设计不够人性化。在现代，单兵装备已经被细分到了极致，充分覆盖了士兵军旅生活的方方面面，包含了个人防护装备、武器系统、通讯系统、生活物资等多套系统。

对资深军迷来说，单兵装备不仅仅是炫酷的制服、霸气外露的武器或营养丰富又好吃的野战食品，同时也是国家综合国力和军队现代化水平的体现。深入了解单兵装备的设计、构成及其背后的故事，有助于理解军事理念的变革、考究军事制度的变迁，甚至还原扑朔迷离历史真相。当然，这也是一种真挚的情怀，时常能唤起人们当年的"少年铁血梦"。

指文战甲

CONTENTS 目录

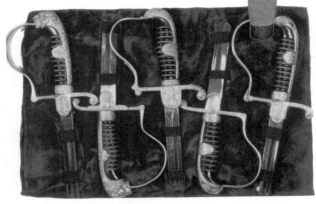

苏俄钢盔发展前传
SOVIET HEMLETS HISTORY
1916-1940

作者/ **小河流水**

前言

1914年第一次世界大战的爆发绝不是偶然的，与其他欧洲国家一样，1914年8月，俄罗斯帝国也轻率地加入了战争。此时作为军事封建帝国主义的俄国，这台被过分渲染的"蒸汽压路机"开动起来却很差，虽野心不小，却力不从心，不但军事经济力量不足，而且战备工作进展缓慢，特别是军工生产、物资储备、战场准备等方面存在着令人难以置信的缺点。这一时期的俄军的军事思想单纯强调进攻，没有防御作战的准备，强调速战速决，没有长期作战的准备，战争初期他们的一切设想就彻底破产。当俄军投入战斗时，士兵的头上仅戴着布帽或软帽，没有任何的防护。在二十世纪初的日俄1904~1905年战争中，尽管已开始遭遇到重炮和机枪的致命火力，但俄罗斯人仍没有适应当时的战争形态，因此没有交出一份合格的答卷，部队在战斗中因为头部创伤而遭到了惨重的伤亡。当时派出观察员的西方国家在这方面也是不及格的，他们也并没有理解现代战争的真正内涵。

实际上，在遭遇了高爆弹和自动步兵武器导致大量头部创伤后，很少亲临前线的参谋们终于意识到了这个问题的严重性，法国第一个给他们的军人配发了钢盔。一位地方司令官，深受因炸弹爆炸溅起的石块而导致大量头部伤害的困扰，制造了一种原始的钢质头部护甲，但在其他地方并没有模仿这种做法。法国人曾经对部队伤亡人数进行了认真分析，并在法国的平顶军帽下面加装钢板进行了试验，试验的结果是确定了头部需要更好的防护。在法国陆军后勤部门的路易斯·奥古斯特·阿德里安将军（Louis Auguste Adrian，1859-1933）的指导下，一个设计小组、原型制造和试验单位被指派去开发一种防护钢盔以提供给所有战斗部队使用，其结果就是著名的M1915型"阿德里安"钢盔诞生。

英国则对炮弹爆炸后飞溅弹片的防护更加关心，设计了一种形状类似百年战争中在克雷西（Crecy）和阿金库尔（Agincourt）使用过的头盔。这种平坦、宽边的钢盔曾被认为是一个"失败"的作品，但经过改进后，布罗迪MK1型钢盔最终被选定成为英军第一种大规模生产的钢盔，可这种钢盔提供的侧面防护非常少。

德国人很早就领悟到了头部防护的重要性，德国杰出的工程设计发展出了著名的德国钢盔。在设计钢盔前，德国人花费了大量时间收集和分析医疗数据，也分析了法国和英国的设计，确定这些国家的设计都不能为在战壕中作战的士兵提供有效防护。他们认为法国钢盔太轻而且制造需要过多的零部件；英国钢盔在面对高速枪弹时对耳朵和脖子提供的防护不足，结果德国人设计出了重型的M1916型钢盔，后来又发展出了M1917型、M1918型钢盔和几种其他变型。

对二十世纪军用钢盔的鉴别与发展史感兴趣的人，也同样会对俄罗斯帝国与前苏联时代的钢盔感兴趣。由于在前苏联时期，钢盔被做为事关国家安全的装备而予以保密，因此我们很难获得有价值的信息，进而造成对苏联钢盔的具体情况的不了解，在鉴别与收藏上也就出现了各种各样的错误。随着红色帝国的解体，俄罗斯向世界敞开了大门，一些军事装备信息变得不再神秘，公开的信息也越来越多，军事研究人员和爱好者们可以详细了解到一些装备研制发展的细节。

在进入正文之前需要说明的是，在写作过程中，通过查找众多资料，尤其是俄方网站的资料，笔者发现俄文资料在不少地方与英文资料有冲突或矛盾的地方，包括钢盔的型号、盔体的厚度、甚至于相关人物的军衔、人物的国别等等，笔者尽量以俄方资料为主。由于资料依然所限，所以交叉使用了西方资料与俄方资料，以便于更好的弄清楚苏俄钢盔的一些细节。

第一次世界大战

俄罗斯加入第一次世界大战，可以溯源到俄法两国于1892年签订军事条约结成军事同盟。面对德国的挑战，英国于1904年与法国结成同盟，英俄两国1907年也达成了协定。德国面对东面俄国和西面法国，有陷入包围的恐惧，因此与三国协约之间的鸿沟进一步加深。同盟协约双方在塞尔维亚和巴尔干等地区"说不清理还乱"的一系列冲突又加剧了原本紧张的局势，最终点燃了战火。奥匈帝国和塞尔维亚之间爆发的战争，由于牵扯到许多国家的利益，因此各怀鬼胎的各国纷纷被卷了进来，三年后美国人也卷了进去。当1914年7月30日，沙皇签署总动员令，加入反对德国、奥匈帝国的战争，这一举动极大地刺激了英法两国。

俄国当时虽然号称拥有庞大的军队，而且军队素质在1905年日俄战争后取得了长足进步，但经济落后是限制俄国军事力量在一战中发展的重要因素。在一战时期，俄军步兵的武器是1891型莫辛纳甘步枪和马克沁重机枪，炮兵主要装备1902型野战炮、1909型榴弹炮、1910型速射炮和1910型榴弹炮。在武器质量方面，俄国与德国等西方国家军队大体相当，因为这些武器有相当一部分是从西方进口的，但主要问题是数量不足，前线常常缺乏火炮和机枪，很多士兵甚至没有步枪，同时弹药储备也严重不足。由于立足打短期战争，俄国武器弹药的军工生产和储备量都偏低，与战争中的实际需要相差甚远，战争爆发后的几个月时间里，俄国就耗尽了弹药储备，因为军工生产能力远远赶不上需要。进行总动员后，俄国甚至连可用的现成装备都没有，勉强把军队装备齐全后，又涉及部队在俄国辽阔国土上的运输问题。以1914年欧洲三大国家铁路线平均每一百平方公里领土里程计算：德国是11.8公里，法国是9.6公里，俄国欧洲部分才为1.1公里。由于俄国铁路和公路系统不发达，没有像德国境内的铁路网可以将部队迅速进行机动，在战时对边境和国内部队进行大规模调动几乎是不可能的。俄军在和平时期拥有130万人，动员后可扩充到530万人，把这么多人装备好参加作战，需要大量的军费开支和物资，为了应对战争，俄国在本身军工生产能力不足的情况下，就把希望寄托在了盟国的援助上。

1914年8月，俄军在东线发动了第一场战役，史称东普鲁士战役，即坦能堡会战，这场战役中俄军的表现让人大跌眼镜，由于无能的指挥，西北方面军以失败告终，第二集团军全部损失，其司令官萨姆索诺夫战败自杀，俄国人共损失了25万的士兵和大量武器装备，灾难性的后果也预示着俄国将不可避免的面临失败。面对巨大的损失，官老爷们终于缓慢地意识到

▲ 1915年东线几名俄军士兵正在教德军战俘跳舞，注意俄军士兵只戴着软毛帽。

需要钢盔来为士兵的头部进行防护。在东线战斗与陷入堑壕战僵持状态的西线稍有不同，但重型和高射速的现代化武器在每条战线上给俄国人都造成了沉重的伤亡，虽然俄军的主要优点就在于"取之不尽，用之不竭的人力——吃苦耐劳和视死如归的勇敢精神"，但如此惨重的伤亡实在令人无法接受。

除了以俄军为主的东线，俄军在其他战线也投入了战斗，如1916年4月16日，一个旅的俄军在马塞（Marseilles）上岸以支援西线的盟军，同样承受着巨大伤亡的法国人兴高采烈地接待了俄军，随后共有四个旅的俄军来到法国支援盟友，这就是俄罗斯远征军。

法国M15钢盔

俄罗斯帝国的钢盔装备史短暂而丰富，在第一次世界大战开始的时候，俄军并没有装备钢盔，仅装备着制式军帽和毛皮帽，历史照片也证明这是一战时间俄军的头部主要装备，落后于其他欧洲国家。法军装备新式钢盔后，驻法国的俄罗斯军事武官，伯爵阿列克谢·阿列克谢耶夫斯基·伊格纳季耶夫上校（Алексей Алексеевич Игнатьев，1877-1954）在1915年向军方报告了法军的新式钢盔，并建议为俄军进口这种钢盔。伊格纳季耶夫参加过日俄战争，1908-1912年担任驻丹麦武官，1912-1917年担任驻法国武官。在俄国革命后他投身苏维埃政权，但仍留在法国。1925年他把存在法国银行他名下原先属于俄罗斯帝国的22500万卢布资金转交给苏联政府，他的这一举动遭到了俄罗斯移民组织的联合抵制，后来他在巴黎为苏联政府贸易代表团工作。回到苏联后在苏军中服役，投身于军事教育工作，曾担任军事医学院外国教研组的主任。1940

▲ 阿列克谢·阿列克谢耶夫斯基·伊格纳季耶夫上校。

▲ 来自《1940年苏联将领》相集中的伊格纳季耶夫标准照。

▲ 由现代军迷扮演的一战俄罗斯士兵，头戴来自法国的钢盔。

年6月4日晋升少将，1942年10月担任苏联国防人民委员部(НКО СССР)军事出版社的军事历史文献的资深编辑，并于1943年8月29日晋升中将，1947年退休，著有回忆录《服务50年》。他死后葬于莫斯科的新圣女墓，这个公墓是欧洲三大公墓之一，总面积7.5公顷，安葬有26万多个俄罗斯各个历史时期名人。

法国人同意像支持其它盟国一样为俄军提供钢盔，在伊格纳季耶夫上校的努力下，他最终设法使俄军总司令部同意采用法国钢盔来装备俄军，直到一种俄罗斯国内设计的钢盔能被制造出来，俄方首次订购了100万顶"阿德里安"钢盔装备俄军前线部队。类似于许多弹药和装备，阿德里安钢盔是由法国政府免费提供的，既因为保持俄罗斯这个强大和积极的盟友，事关法国最重要的国家利益，也因为俄军在东部还牵制了大量的敌军。对于这些军事装备的收益，法国人曾想请求30万俄军部队到形势更严峻的西线作战，以此作为对俄军事装备援助的补偿，但只有小规模的俄国远征军抵达法国作战，这与法国人的期望值相差甚远。

由于法国的兵源不足，1915年12月，法国总统约瑟夫·阿塔纳斯·保罗·杜梅率代表团访问俄罗斯，要求沙皇政府派遣30万俄军士兵到法国作战，以换取俄国军队所缺乏的武器装备，法国人提出这么高的数目，很可能基于他们对俄罗斯"无穷无尽"后备人员的猜测，但这一要求显然没有实现。做为法国强烈要求援助的回

应，虽然俄罗斯也面临着人力短缺，而且最高统帅部参谋长米哈伊尔·瓦西里耶维奇·阿列克谢耶夫（Михаил Васильевич Алексеев）也反对向法国派兵，但沙皇尼古拉二世最终仍然决定组建俄罗斯远征军派往法国作战。

根据最高统帅部的命令，总共组建了4个特别步兵旅。俄罗斯远征军第1特别步兵旅于1916年1月组建，下辖两个团，第1团来自莫斯科，由尼奇罗拉多夫（НЕЧВОЛОДОВ）上校指挥，第2团来自俄罗斯西部城市萨马拉，由季亚科夫上校指挥，该旅主要由后备人员组成，第1团主要由工厂工人组成，而第2团主要是农民，全旅8942人，旅长尼古拉·亚历山德罗维奇·洛赫维茨基少将（Николай Александрович Лохвицкий, 1868-1933）。第1旅首先经火车运往大连，后乘法国轮船抵达马赛，成为首批抵达法国的俄罗斯远征军，该旅后来开往西线。抵达法国后的俄军第1旅生活还算舒适，每个连都拥了一个野战厨房，全旅配备了两套制服和皮靴，其余武器和装备都在法国接收，这些在法国战斗的俄罗斯远征旅自然首先装备了"阿德里安"M15钢盔。

1916年春季至夏季，第2特别步兵旅在莫斯科的一座兵营组建，由第3和第4特别步兵团及补充营组成，该旅人员由现役与预备人员组成，全旅编制224名军官和9338名士兵，第3团由塔尔别耶夫上校（Тарбеев）指挥，第4团由亚历山德罗夫上校（Александров）指挥，补充营由杰

▲ 在萨洛尼卡登陆的俄国远征军第2旅旅长季捷利赫斯少将，他右边是第3团团长塔尔别耶夫上校。

▲ 第1旅的士兵正在营地附近战壕构筑训练，注意此时他们已经配备了钢盔。

▲ 一队正在擦拭靴子的第1旅士兵，他们头戴法式钢盔，身上却穿着俄式军服。

▲ 俄军在马赛的广场上举行了阅兵仪式，引起大批法国民众围观，俄军士兵仍戴着大檐帽。

米亚诺夫上校（Демьянов）指挥，旅部由希什金上校（Шишкин）领导，旅长为米哈伊尔·康斯坦丁诺维奇·季捷利赫斯（Михаил Константинович Дитерихс，1874-1937）。该部所有必要的技术装备，包括轻武器、机枪都在抵达巴尔干后由法国提供，部队当时仅配备着野战厨房和马车。

与第1旅经远东抵达法国不同，第2旅从阿尔汉格尔斯克港口经海路抵达布雷斯特。该旅第一梯队由旅部和第3团组成，由旅长季捷利赫斯率领，乘座三艘轮船于1916年6月21日抵达布雷斯特，当地为俄军举行了庄严的欢迎仪式。后来这批俄军乘火车穿过

▲ 这张战壕中的照片显示俄罗斯远征军的士兵装备了法式装备，以减轻法国的弹药供应负担。

▲ 1916年4月，经过45天的航程，载有俄罗斯远征旅的轮船抵达马赛港，船上的俄军士兵正在四处张望，注意此时他们头上仍戴着俄军的大檐帽，码头上当地的法国官员正在欢迎盟军的到来。

▲ 弗拉基米尔·弗拉基米洛维奇·马鲁舍夫斯基。曾参加过日俄战争，1915年12月6日晋升少将，1916年7月指挥第3特别步兵旅前往法国，1917年春参加了法国北部的战斗。1917年5月组建第1特别步兵师，由于与下属的冲突被迫交出指挥权并被召回俄罗斯。1917年3月以预备军衔在彼得格勒军区司令部重新服役。1917年9月26日成为俄军最后一任总参谋长，1917年10月20日被以"旨在反对苏维埃的谈判，在组织停战谈判代表团时罪恶地进行暗中破坏"，被列宁下令逮捕，交保释放出狱后逃往芬兰，1918年8月前往斯德哥尔摩。1918年11月因英国和法国军事使团的邀请抵达阿尔汉格尔斯克，并被任命为北方地区总司令，同时成为北方临时政府成员，担任总督、内务部长等职。在英国干涉军的支持下，领导组建白军北方集团军，约有20万人。1919年1月将总督职务交给米勒，他保留了部队总司令的职务（在战斗中实际上担任叶夫根尼·卡尔洛维奇·米勒的助手，米勒于同年5月担任北方集团军总司令），1919年5月晋升中将，1919年8月辞职。前往瑞典后流亡南斯拉夫，死于萨格勒布。

法国抵达马赛，并于8月5日乘"高卢号"（Галлия）巡洋舰直接抵达萨洛尼卡，随第一梯队抵达的季捷利赫斯旅长立即尽自己最大的努力来训练和装备下辖部队，第4团则迟至1916年8月15日才抵达。

▶ 正在洗衣服的俄罗斯士兵，仔细观察可以看到钢盔前面配有的俄军双头鹰盔徽。

▲ 尼古拉·亚历山德罗维奇·洛赫维茨基（Николай Александрович Лохвицкий，1868-1933）。圣彼得斯堡省贵族，军校毕业后曾在奥伦堡第105步兵团服役，有一段时间曾在巴甫洛夫斯克军事学校工作，后参加过俄日战争。1906年12月晋升上校，1907年调往新切尔卡斯克第145团并被任命为一名初级参谋，1912年5月30日成为克拉斯诺亚尔斯克第95步兵团长，1915年2月晋升少将，1915年4月3日成为第25步兵师的旅长，1915年5月8日起任第24步兵师旅长。1916年1月21日被任命为第1步兵特别旅长并派往法国。他两次负伤，1917年6月担任特别步兵师长，这个师下辖派往法国的俄罗斯第1和第3特别步兵旅，同年晋升中将。1918年7月起担任拉瓦尔俄国军事基地的司令，积极参加了法国俄罗斯军团的组建。十月革命后，他于1919年前往东俄罗斯加入了高尔察克的部队，1919年4月-6月担任乌拉尔第3山地军长，此后担任第1集团军司令，这个集团军后改编为第2集团军。1920年4月-8月担任远东集团军总司令，1920年8月—12月担任总司令部参谋长。1920年12月起侨民海外，1923年生活在巴黎，并继续投身白卫运动，1930年代早期成为俄罗斯侨民军事组织-"俄罗斯全军同盟"的步兵元帅。

▲ 米哈伊尔·康斯坦丁诺维奇·季捷利赫斯，白卫运动的著名人物。生于圣彼得堡军官家庭，参加过日俄战争。在第一次世界大战中，被任命为西南方面军第3集团军参谋长，1916年3月布鲁西洛夫出任西南方面军总司令。1916年9月初和他的第2旅经阿尔汉格尔斯克抵达萨罗尼卡，支援塞尔维亚部队。俄国二月革命后他被召回俄罗斯，先后担任彼得格勒集团军总参谋长，大本营军务总监等职。在布尔什维克夺取政权后，他来到西伯利亚，1918年3月成为捷克斯洛伐克军团参谋长，支援高尔察克，并曾领导一个委员会调查皇帝家庭的被害。此后先后担任西伯利亚集团军司令、东方面军司令，1919年8月12日-10月6日成为高尔察克的总参谋长，后与高尔察克产生了严重分歧，他认为必须不惜任何代价防守鄂木斯克，并以个人原因请求辞职。在白卫运动失败后，1919年末移居到哈尔滨。1922年7月23日在符拉迪沃斯托克被选举为阿穆尔地区统治者，并担任当地军队总司令，他引入了各种变革，重新在当地恢复君主时期的统治秩序。1922年10月在部队失败后和败军一起被迫流亡中国，后来他居住在上海。1930年成为俄罗斯全军同盟远东部主席，1937年10月9日去世并葬于上海。

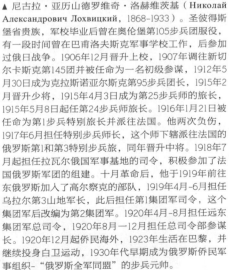

▲ 这张来自法国国防部的俄罗斯远征军档案照片，陈列在第一次世界大战博物馆，在这个博物馆有独立的展区陈列马利诺夫斯基元帅档案的纪念资料，马利诺夫斯基元帅的名字与俄罗斯的法国远征军史密不可分。

▲ 这是一张珍贵的一战时期的照片，1916年夏季的法国香槟地区，在战壕中的俄罗斯远征第1特别步兵旅长洛赫维茨基少将（前排右起第三人）和法国军官在一起，他的右手边是第2团团长季亚科夫（Дьяконов）上校和团长副官克勒（Клере）中尉。

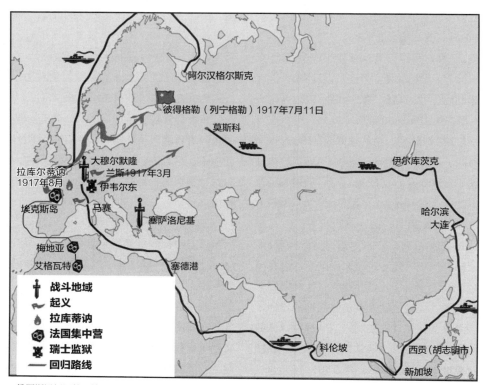

▲ 俄罗斯远征军的运输及行动路线图。

1916年6月组建第3旅，由弗拉基米尔·弗拉基米洛维奇·马鲁舍夫斯基将军（Владимир Владимирович Марушевский，1874-1952）指挥，该旅主要由职业士兵及来自叶卡捷琳堡和车里雅宾斯克的后备部队组成，1916年8月该旅通过阿尔汉格尔斯克被运往法国。最后组建的第4特别步兵旅由列昂季耶夫少将（Леонтьевым）指挥，1916年12月抵达萨洛尼卡前线。这样四个旅共计44319人于1916年抵达法国，其中第1和第3旅后被派往香槟前线，而第2和第4旅则派往萨洛尼卡前线。还有约450人的爱沙尼亚部队在俄罗斯远征军中服役，主要分布在第1和第3旅。俄罗斯远征军的每个特别步兵旅下辖2个团，每团包括3个机枪连（每连12挺机枪），通信队和勤务连，以及由6个连组成的后备营。第6、第7和第8旅因俄国十月革命爆发而从未组建。

1917年4月，协约国联军在埃纳河-马恩河（Aisne-Marne）发动了四月攻势，即尼维尔战役。4月23日，第1旅被调至香槟地区（Champagne Sector），编入法国第4集团军，法国总统视察了俄军营地并给他留下了深刻印象，他授予洛赫维茨基少将高等骑士荣誉军团勋章。俄军第1和第3旅参加了尼维尔战役，士兵表现非常勇敢，但由于战役突击方向选择不当，而且缺乏突然性与协同，这场战役以失败告终。在这场以法军总指挥尼维尔命名的"尼维尔大屠杀"中，法军伤亡18万人，英军伤亡16万人。这一结果在法军中引起

了极大的愤怒，罢工浪潮开始席卷法国，法军中革命和骚动并起，但后来遭到接任尼维尔的贝当将军的残酷镇压。在四月战役中，俄军的两个旅虽然英勇奋战，总计5183人伤亡或在战斗中失踪，其中包括70名军官。巨大的牺牲，在俄军士兵中引起了愤怒，再加上俄国二月革命的影响，他们纷纷要求返回祖国，"俄国需要我们。得了，让我们走吧"。但法国统帅部拒绝了这一要求，俄国士兵开始骚动起来。7月16日法国陆军部长下令在俄国部队中实行铁的纪律，派兵对起义者进行武力镇压。第1旅起义者被由俄军军官控制的第3旅包围，最后法国依靠一个新抵达的俄国75毫米野炮团的支持，向起义者发动了进攻，起义者虽然进行了抵抗但最终被镇压，幸存者被送到法国和北非的监狱监禁起来。直到后来在苏维埃政府的强烈要求下，这些俄军士兵才被陆续送回国去，也有一些优秀的士兵融入了法国社会。在俄罗斯远征军中，也诞生了一位后来的苏联元帅，他就是罗季翁·雅科夫列维奇·马利诺夫斯基。

法国提供给俄军的钢盔与法军装备的钢盔除盔徽和涂装外，与法军的阿德里安M1915钢盔一模一样，有资料将这种配有俄军盔徽的法国钢盔称为M1915-1916型。交付给俄军的每一顶钢盔前面都带有象征罗曼诺夫家族的双头鹰盔徽，通过原来用于安装法国标准盔徽的冲孔安装在钢盔上。盔徽采用钢铁材质冲压制造，72厘米高65厘米宽。这种盔徽是基于俄国军官

ВПЕРЕД!
ПОБЕДА БЛИЗКА!

▲ 卫国战争时期的苏军宣传画，此时新式钢盔已经被作为标准装备。

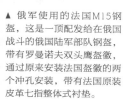

▲ 俄军使用的法国M15钢盔，这是一顶配发给在俄国战斗的俄国陆军部队钢盔，带有罗曼诺夫双头鹰盔徽，通过原来安装法国盔徽的两个冲孔安装，带有法国原装皮革七指整体式衬垫。

▲ 马利诺夫斯基(1898-1967)，苏联元帅，两次苏联英雄。1916年2月被编入俄国远征军赴法作战。

▲ 一名佩戴法国M15钢盔的俄罗斯士兵肖像照。

以前的帽徽设计的，其特色是采用了俄罗斯帝国的双头鹰。

预定供俄军使用的钢盔外表被涂成了栗褐色，以匹配俄军的制服，但实际上却有深浅不同的褐色，直到今天这样的钢盔实物仍然存在。俄军记载说这些钢盔在部队作坊被涂上一种"橄榄色"，但看起来似乎仅在某些场合下这样做了，在俄罗斯军事博物馆陈列的M15阿德里安钢盔外表就涂有棕橄榄色（tan-olive）。不同于标准钢盔的变化也时有发生，包括带蓝色俄罗斯盔徽的全蓝色钢盔、带褐色盔徽的蓝色钢盔以及带蓝色俄罗斯盔徽的褐色钢盔。尽管无法准确确认，但据说蓝色涂装钢盔是在褐色盔投入使用前就已经下发部队。一个可能的情况是带褐色盔徽的蓝色涂装钢盔是用来替换已损坏的褐色钢盔，而这种蓝色涂装钢盔是直接用原先带有法国盔徽的蓝色法国钢盔直接更换俄罗斯盔徽改装而来。尽管一顶钢盔出厂时会带有不同颜色盔徽似乎是件不可能的事，但却有可能发生。

俄罗斯共定购了2048000顶钢盔，但直到1916年底，法国只提供了340000顶，由于钢盔缺乏和不足，有些俄军士兵被迫使用缴获的德国钢盔。尽管这些钢盔被俄军用于马其顿、希腊萨罗尼卡以及东线，但这些钢盔最初是在西线投入使用的。那些在后方保卫国土的部队，俄罗斯帝国警卫部队也首次被配发给了新式的"阿德里安"钢盔。东线俄军配备这种钢盔第一次为敌人所知，是在1916年夏季的

▲ 俄军使用的法国"阿德里安"M1915钢盔，这是分配给在法国作战俄军使用的的一顶。这显然是一顶用于特定场合的检阅钢盔。注意其盔徽上的双头鹰，一个鹰头看着西方，一个看着东方，这个俄罗斯盔徽通过原来装配法国盔徽的冲孔装在钢盔上。在钢盔头冠的正前方有一个代表十月革命前俄军的大五角星（这个五角星并不像有些人认为的那样是一个普通的军衔星），这是一顶援助给俄军并带有原始衬垫的M15钢盔实例。

▲ 罗曼诺夫双头鹰盔徽的背部，背部有两个开脚钉，穿过法国M15盔徽的冲孔。

► 基辅战役博物馆陈列的俄罗斯帝国军人制服及装备，配有一顶法国钢盔。

▲ 一枚盔徽的正反面，可以看到盔徽的固定件。

▲ 俄罗斯阿德里安M15钢盔盔徽。

西南前线，由富于才华的阿列克谢·布鲁西洛夫将军指挥部队实施的大规模进攻战役，俄军顺利突破了奥匈帝国的防线，取得了巨大的胜利。这次进攻也被称为布鲁西洛夫攻势，此战也使布鲁西洛夫一举成为第一次世界大战期间的著名统帅。

▲ 俄军某团机枪队的合影，几名俄军士兵佩戴着法国阿德里安钢盔。

俄罗斯M1916钢盔

通过对"阿德里安"钢盔的早期使用，俄罗斯军方领导阶层认识到"阿德里安"钢盔并不完全实用。这种钢盔制造部件过多，厚度过薄，并且使用的通风孔过大，这种钢盔与奥匈帝国和德国使用的钢盔相比性能低劣。于是俄罗斯开始设计一种更加耐用的单件式钢盔，盔体采用了1.2毫米厚的合金钢冲压制造。尽管这种钢盔来源于法国的"阿德里安"钢盔，但设计更加成熟，更加坚固，节省了制造时间，降低了工人的工作量，节省了原材料，最终大幅度的降低了钢盔的制造成本。最初钢盔在涅瓦河（Neva River）的支流伊佐拉河岸边的伊佐拉工厂（Izhora factory）生产，这座工厂位于靠近彼得格勒（圣彼得堡的战时名称）的科尔宾诺（Kolpino）。伊佐拉工厂的全名是Ａ·Ａ·丹诺夫·伊佐拉工厂，该工厂在前苏联时期是制造重型机械的企业，主要生产重型挖掘机、钢辗压设备、电力设备、金属板、型钢等产品。这个工厂根据彼得一世的谕旨成立于1722年，并由海军部登记，因此变成了海军部伊佐拉工厂，是官办企业。1803年一个机械制造厂在老厂的基础上建立了起

▲ 巴伐利亚军事博物馆保存的一战各国钢盔，从左至右从上到下国别及年代分别为：法国1915年、英国MK1、比利时1915年、意大利1915/16年、德国1916年、俄罗斯1916年、罗马尼亚1916年、塞尔维亚1916年、葡萄牙1916年、奥地利1917年。

▶ 俄罗斯M1916型钢盔，由科尔宾诺的伊佐拉工厂制造，这顶单件式钢盔的剪影大致与法国"阿德里安"钢盔类似，但合金钢更厚。原来钢盔上面并没有装罗曼诺夫双头鹰或其他标志的孔洞，衬垫采用布料制作，尺寸由穿过衬垫顶部的拉绳调整。

来，俄罗斯第一艘挖泥船、第一艘明轮汽船和第一台船用发动机都是在伊佐拉工厂制造的。伊佐拉厂也积极参加了俄国革命运动，在1917年10月24日-25日夜，这个工厂部署了17辆装甲车听从军事革命委员会的调遣，1919年伊佐拉工人营还参加了战斗，保卫彼得格勒免受尼古拉·尼古拉耶维奇·尤登尼奇的进攻。在苏联第一个五年计划期间，伊佐拉工厂生产了苏联第一台初轧机、机轴、供汽车和拖拉机厂使用的冲压机等产品。在卫国战争中，该厂工人也参加了列宁格勒保卫战，产品包括坦克车体、装甲车、弹药和供混凝土工事使用的装甲炮塔。二战后，新的冶金车间在该厂建立起来，机械装配车间得以重建和扩大，工厂产品范围不断拓展。该厂分

◀ 钢盔线图，可以明显感觉出俄版"阿德里安"钢盔与原版的差异，并且具有明显的法国特色。a为法国的"阿德里安"M1915钢盔，b为俄罗斯的M16钢盔。

别于1940年和1971年获得了列宁勋章，1947年获得劳动红旗勋章。

但新型钢盔在伊佐拉工厂仅制造了1万顶，这些钢盔在盔体前并没有装配盔徽，因为设计师觉得安装盔徽的孔洞会削弱钢板的整体防护性能。尽管如此，一些M17钢盔后来通过专门的冲孔仍可以安装轻薄的罗曼诺夫鹰徽。伊佐拉工厂M17钢盔安装有一种普通型衬垫，并带有类似"阿德里安"钢盔的衬垫带，衬垫带依附有一个波纹状的缓冲通风带，位置在衬圈和盔体之前，这个设计即可用于吸收冲击的能量，也可用于通风。通风孔盖的形状也不同于芬兰版本钢盔样式，通风孔盖由三个圆头开脚钉固定在通风孔上方，与芬兰生产的M17钢盔的铆钉固定方式不同。

这里需要特别说明，伊佐拉生产钢盔的M17这个型号在西方与俄方不同资料中存在冲突，来自西方的资料称，伊佐拉工厂制造的钢盔定型为M1916型，芬兰制造的钢盔为M1917型，而来自俄方的资料大部分将伊佐拉钢盔都归类为M1917型。

M1917型钢盔

在俄罗斯版的"阿德里安"钢盔测试和接受刚刚开始的时候，军事工业的领导人决定改变钢盔的生产地点，将其从科尔宾诺转移到俄罗斯帝国控制下的芬兰大公国。芬兰从1808年就变成了俄罗斯帝国的一部分，直到俄罗斯革命后1917年12月6日才宣布独立，列宁领导的政府于1917年12月31日首先对其予以承认，芬兰从此

才走上了独立自主的道路。至于为什么把钢盔生产从俄国转移到芬兰，做出这个决定的具体原因目前仍然不是很清楚。在芬兰，他们挑选了两个工厂来生产钢盔，分别是索尔伯格（G.W.Sohlberg）和霍姆伯格（V.W. Holmberg）。

索尔伯格的创始人全名是加布里埃尔·威廉·索尔伯格（Gabriel Wilhelm Sohlberg，1851-1913），是一名芬兰铁匠和制造商。索尔伯格曾当过学徒，1876年成为了一名熟练的铁匠，于是开始寻求机会发展自己的事业。他白手起家于1876年创建了索尔伯格（GWS）。刚开始他的小铺子制作咖啡壶，得益于赫尔辛基19世纪后期人口的大量增长，他的生意越做越大，开始雇用越来越多的熟练技工和学徒，颇具商业头脑的他看准时机，在冬季的几个月份就生产火炉，以应对房屋取暖需求。当他生意足够大的时候，他给自己的员工发放养老金，并把5月1日确定为全员假日。他回报地方，积极参与赫尔辛基地方银行、保险公司和文化机构的建设工作。凭着敏锐的直觉，对社会和对家庭的负责精神，索尔伯格的家族生意不断发展壮大。霍姆伯格则由维克托·威廉·霍姆伯格（Victor Wilhelm Holmberg）于1896年创建，当今仍是一个家族企业。

俄罗斯钢盔是通过赫尔辛基的一位名叫瓦西列夫（А.Г. Васильев）的商人定购，并分别从索尔伯格厂订购了10万顶，从霍姆伯格厂订购了50万顶，但最后俄军却只获得了相对很少数量的钢盔。在芬

1

2

3

4

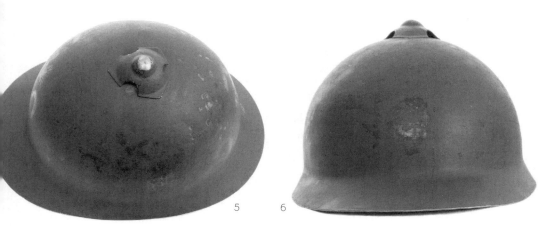

5　6

1～6 工厂生产的M1917钢盔组图，可以看到文中描述的四条波纹通风带。

▲ 由现代军迷扮演的苏联红军士兵，头戴M1917型钢盔，注意后方的两位军迷，头戴标准的布琼尼式软帽。

兰，首批钢盔制造了10万顶，后来又生产50万顶。对钢盔研究者来说不幸的是，由于第一次世界大战，霍姆伯格工厂钢盔生产的详细档案没有保存下来，而索尔伯格工厂关于钢盔生产的企业档案留存又很少，这一切都使得我们无法了解钢盔生产的详情。根据俄方公布的资料，索尔伯格工厂共生产了约10万顶，而霍姆伯格工厂则生产了约50万顶。

这种在芬兰生产的俄罗斯钢盔后来非正式的被称为M1917型，或M1917（索尔伯格）型，在不同的军事文献资料中可以找到不同的型号，有"M17（索尔伯格）型"，以及"俄罗斯M17型"（对应芬兰语是Venäläinen M-17）等，俄罗斯正式文件中将其称为"叶片钢法国式钢盔"（Каска Французского образца из Лопаточной стали）。至于为什么把这种钢盔称为M1915-1917型，可能存在着一些混乱，最可能的原因是钢盔的采购被推迟了，直至1917年，沙皇政府一直都没有发出钢盔订单。

M1917型钢盔外表非常像法国"阿德里安"M1915钢盔，主要的不同是索尔伯格钢盔采用1.28毫米厚的单块钢板冲压制造，通风孔上没有覆盖顶冠，而采用一块三角形、圆顶状的钢板覆盖，索尔伯格钢盔涂装为深绿色，涂装看上去是浸漆而非喷漆。这种钢盔的盔体有三种规格，其衬垫有六种尺寸规格，分别为53厘米、55厘米、57厘米、59厘米、60厘米和62厘米。钢盔技术数据为宽213毫米左右，前

后长287毫米左右，高为170毫米左右，总重800-850克。

通过研究现存的"索尔伯格"钢盔，可以发现尽管这些钢盔外表相似，但仍存在各种差异。早期型钢盔三角形通风孔盖每边宽53毫米，晚期型则宽52毫米。所有芬兰制造的钢盔，三角形通风孔盖的每个尖角都采用一颗铆钉固定在盔体上，铆钉头为圆形，尺寸介于3-4毫米之间，三角形金属通风孔盖的每边都被剪掉了一小块，呈半圆形，以便让空气流通。

所有钢盔的颚带都通过2毫米的金属丝矩形挂环连接在钢盔上，这个矩形环从外部测量，早期型钢盔是21毫米长11毫米宽，晚期型钢盔则是20毫米长12毫米宽。每个颚带环通过一个长方形的挂环座固定

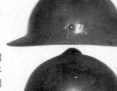

▶ 俄罗斯M16钢盔和芬兰M17钢盔，左边的钢盔是由位于战时彼得格勒附近科尔宾诺的伊佐拉工厂制造的，在生产转移到芬兰前仅制造了估计有1万顶，注意俄罗斯M16钢盔通风孔鸡冠星角很钝。左边是芬兰人制造的M16钢盔，芬兰称为M17型。一些M17钢盔鸡冠星角如图所示为尖角，另一些则为伊佐拉工厂制造M16采用的钝角鸡冠。红军特佩兵（如机枪手）曾佩戴有限数量的伊佐拉钢盔一直到1930年代晚期，总计约有50万顶芬兰制造的钢盔装备了几个东欧国家军队。

▶ 俄罗斯M16钢盔和芬兰M17钢盔，可以看到不同的盔碗深度。尽管差异轻微，上面的俄罗斯钢盔拥有更有效的防弹外形，而下面的芬兰钢盔可以保护头部的面积更大。

在盔体上，这个长方形座宽11毫米高15毫米，采用2颗固定通风孔盖的同样铆钉固定在盔体内侧两边。早期型钢盔的颚带采用褐色皮革制造，15毫米宽1.5毫米厚，晚期型钢盔颚带进行了加强，但仍采用褐色皮革制造，尺寸变为17毫米宽2毫米厚。所有的颚带一端都附有一个滑扣，滑扣为边长22毫米的正方形，颚带穿过带扣和挂环后再固定在另一端的挂环上，颚带两端固定滑扣和固定挂环都采用金属圈固定。

"索尔伯格"钢盔的衬垫带采用毛毡或编织面料制作，采用与阿德里安钢盔内衬同样的固定方式，用四个金属条固定在盔体内，这四个金属条围绕着盔体均匀地分布。早晚期金属条的固定方式不同，早期型钢盔采用的是焊接，而稍后的钢盔，每个金属条采用两颗与固定通风孔盖同样的铆钉固定，两颗铆钉间距从外部测量都为43毫米，金属条穿过衬垫带后，被折叠压平固定在盔体上。在盔体和衬垫头带之间，带有四个或更少的与"阿德里安"盔一样的波纹状通风条。前面介绍的那四个金属条用来固定衬垫头带，同时也固定波纹状的通风条。在早期型钢盔上，这个波纹状通风条采用钢制而不是铝制；在后期型钢盔上，这个波纹状通风条两侧为铝制，前后则为钢制。当通风条为四条时，钢盔每两个通风条之间空隙的间距为15毫米。

在一顶早期型钢盔上，衬垫头带是一种粗糙的褐色面料，衬垫则为一块浅褐色棉料，接合缝线在前部，一条缝线将衬垫缝到头带上，顶部再用一条编织绳连接在

► 头戴钢盔的第8集团军突击分队旗手和仪仗队员，注意其盔徽为交叉的头骨。这个集团军就是即后来的科尔尼洛夫集团军，科尔尼洛夫于1917年4月29日至7月10日任该集团军总司令。

一起，用于调整大小尺寸。而在后期钢盔上，衬垫面料为白色或米色，但也使用过其他面料。尤其要指出的是，曾经出现一个蓝色面料的衬垫，但这种面料有可能是一战后配备的。也有其他类型的衬垫存在，但现在不能确定在当时是否就配装，这些衬垫采用皮革制造并带有不同数量的衬舌，数量从3个到8个都有，在顶部采用一条细绳连接。

在1917年春季和秋季俄国革命前，也能发现少量的伊佐拉钢盔配发给了部队。芬兰取得独立后，芬兰人并没有把这些钢盔交付给俄方，而是保留了下来成为芬兰政府的财产，其中许多保留下来的钢盔并没安装内衬，因为这些内衬制造厂都在俄国境内。1917年2月，俄罗斯临时政府成立后并没有尝试在伊佐拉恢复钢盔生产或支付费用以获得在芬兰制造的钢盔。伊佐拉生产的钢盔比最后芬兰版本的钢盔要长约2厘米，并带有一个深碗和更加垂直的前端和两边。有证据表明，虽然在尺寸与外形上相似，但芬兰人修改了俄罗斯人的设计，增加了钢盔两侧的斜度，并且略微缩小了长度和宽度。关于是否有12支俄罗斯部队在俄罗斯帝国灭亡前后使用过芬兰钢盔这一问题上，目前仍存有争议。1917年的俄国革命阻止了芬兰制造的俄式钢盔的供给，因此俄军只获得了相对很少数量的M17钢盔，这种钢盔在俄军中并没有得到大范围使用。需要特别说明的是，使用钢盔的部队中最为活跃的，当数1917年9月发动军事政变的科尔尼洛夫将军的部队。

在十月革命的两个月后，根据1917年12月14日红军总军需部的一份官方NO.91471《中央军事工业委员会关于停止进一步生产钢盔》通报，钢盔的生产停止了。1917年12月28日，国防特别会议批准了这一决定，然而停止钢盔生产的决定并不影响独立后的芬兰。虽然有些钢盔被交付给了前线俄军，但在索尔伯格工厂的仓库里仍存放着500顶没有交付的钢盔。芬兰独立后，国家立即陷入了内战，芬兰红卫军没收了索尔伯格工厂仓库里的这500顶钢盔。在芬兰红卫军失败后，芬兰白卫军缴获了这些钢盔，把这些钢盔装备给赫尔辛基步兵团，以及驻瓦萨(Vaasan)和普里奥焦尔斯克(Kakisalmen，原芬兰城市，1940年根据《莫斯科和平协定》由芬兰割让给苏联，1948年改为现名)的驻军。重新装备芬军的钢盔涂装为深绿色，但这些钢盔迅速被性能更好的德国M16钢盔取代了。1920年这些被称为"俄罗斯型"的钢盔从部队中撤装，许多被出售给了消防队和民防部队，这些钢盔大部分被重新涂上了红色或黑色。在20年代，索尔伯格工厂继续生产钢盔来装备芬兰军队，此时生产的钢盔被称为"芬兰型"，某些发给芬兰军方的钢盔上面带有"VKT"的标记，这些钢盔采用整体式三瓣式衬垫，由帆布或驯鹿皮制造，具体取决于工厂采用的是那种材质，每瓣总体呈三角形，顶部带有连接绳，钢盔盔体厚1.2毫米，总重量800-850克，这种钢盔防护性能较弱，

◀ 未知的东欧国家军队装备了芬兰的M17钢盔，也算是俄罗斯钢盔首次走了国门。照片中的军人使用的似乎是一支早期型的芬兰苏米冲锋枪，甚至有可能是早期型的M26冲锋枪，但由于照片模糊，我们无法进一步确定。

5

◀白色盔徽

1~5 一顶珍贵的芬兰产M17钢盔，这种钢盔最初为俄军生产，但由于俄国革命而使许多钢盔并没有交到部队手中，许多钢盔由芬兰和波兰等其他东欧国家使用。这顶特别的钢盔被涂成了黑色，通过几处剥落油漆的地方可以看到原有涂装的痕迹，内衬为采用皮革制造的三瓣式衬垫，以及同样采用皮革制造的颚带，白色盔徽是代表芬兰首都赫尔辛辛的纹章图案。

仅能防御小型弹片，不能防防御子弹或榴霰弹。芬兰人采用这种钢盔供国土防御使用，非正式地称为M18型，由民防、消防队员和其他准军事部队大量使用，通常民防部队的钢盔被漆为黑色或灰色。大约有50万顶芬兰钢盔后来通过各种途径进入东欧国家军队，包括波兰、捷克、罗马尼亚在内都曾短时间使用过芬兰制造的M18钢盔。在后来的冬季战争中，同苏军作战的

▲ 赫尔辛基纹章。

1~5 在互联网上出售的一顶"索尔伯格"M17钢盔，这是极为罕见的一顶钢盔，曾由芬兰民卫部队使用，可能在东线被缴获后由奥匈帝国军队重新分发给二线部队使用，可以看到钢盔被装上了新的衬垫和颚带。

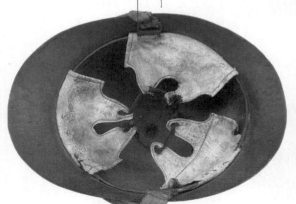

▲ 乌克兰军事历史博物馆陈列的一顶俄罗斯帝国陆军使用的索尔伯格制钢盔，边上的日历显示的是1917年3月16日，当天尼古拉二世退位。

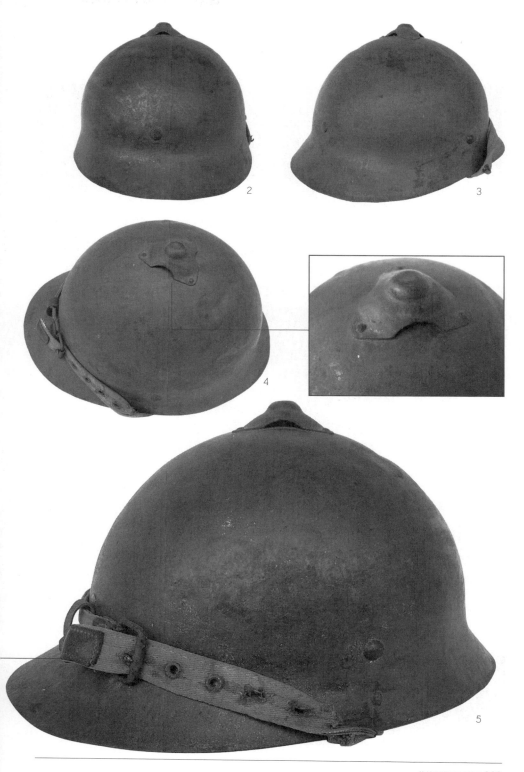

▲ 匈牙利军事历史博物馆陈列的苏联红军装备，可以看到其中有一顶苏军M17钢盔。

▲ 头戴大星钢盔的红军战士，注意右起第三名士兵头上的钢盔，这些钢盔的盔徽显然是涂装红星版本。

◄ 二战美国发行的《他是你的朋友，他为自由而战》系列海报中的一张，画面的苏联军人头戴大星钢盔。

▲ 20-30年代正在举行阅兵仪式的苏军士兵，头上佩戴着两种型号的大星钢盔，注意图片右侧有两名士兵佩戴着M17钢盔。

芬兰部队也补充装备了数量未知的M18钢盔，芬军当时还装备着来自德国、瑞典、捷克、匈牙利、法国、意大利、波兰、荷兰等国的钢盔。

大星钢盔

在俄国十月革命后，红军继承了沙俄军队的钢盔，并补充红军直至20年代末。革命同时也使得俄罗斯立即陷入了内战，交战双方同时使用了法国M15钢盔和伊佐拉M16钢盔，但内战双方装备仍然相对原始，当已有的钢盔被部队消耗光后，钢盔也就成了少数人的装备。由于钢盔这种装备被认为是"防御"性的，因此也就没有再生产，而且也很少从国外获得。尽管在苏联内战中火炮已成为决定性力量，但内战从来也没有发展成一种静态防御特征的战争，在苏联内战中，发现交战双方任何一方士兵携带钢盔的照片或绘画几乎是不可能的，士兵们仍然戴着软毛或厚实的羊毛软帽来保暖，俄国官兵对佩戴钢盔也并不热心，这一点也非常出名。需要注意到是，拒绝佩戴防护钢盔的人被认为是勇敢的，而戴着钢盔的人则要忍受懦夫的恶名（这一普遍看法被延续了相当长的时间）。交战双方的指挥官也抱着同样的看法，专横地认为这将有助于创造一种重要的锐气。

▲ 这顶锈蚀严重的20-30年代苏联红军使用过的钢盔，成为红军也曾使用过M17钢盔的有力证据，顶部的通风孔设计是此型钢盔识别特征。

1921年，刚刚取得胜利的苏联红军并没有生产钢盔的工业体系，由于资本主义国家对其实行封锁，钢盔也就无法从国外获得，而且重建即将崩溃的国民经济的紧迫性也使得钢盔发展并不享有优先权。1921年的俄共十大通过决议，开始了从战时共产主义政策向新经济政策的过渡，在1921-1927年这一时期，列宁新经济政策的特点就是从重工业和军事工业转向轻工业和消费品产业。

1922年苏联红军战胜了外国干涉军和内部敌人，正式采用了"阿德里安"钢盔做为制式钢盔，尽管他们似乎没有更新和大范围配发。M17钢盔仍然保留继续服役，但只提供给那些被认为最容易受到攻击的部队，如机枪部队。在20-30年代M17"索尔伯格"钢盔在红军中变得越来越广泛，在1936年的白俄罗斯大演习中，参演苏军就装备着M17钢盔。在1939年红场阅兵式上，许多阅兵部队仍装备着M17钢盔，在11月的苏芬冬季战争中，芬军也曾缴获过苏军装备的M17钢盔。在1922年这两种型号钢盔都开始安装一种大的红色五角星，盔徽带有镰刀和铁锤，这是根据苏联最高军事委员会的命令，全军采用新式制服后正式采用的新式帽徽，但在战斗条件下，这个明亮的帽徽却成了理想的瞄准目标。帽徽为黄铜冲压的五角星徽，中间带有十字交叉重叠的锤子和镰刀，星徽边缘突起。帽徽为实心，红色亮漆。帽徽

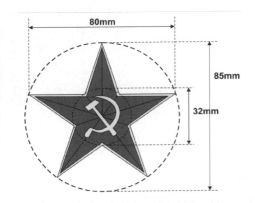

▲ 钢盔帽徽尺寸示例和实物的特写。

▲ 一枚钢盔帽徽实物的正反面，可以观察出帽徽的细节。

▲ 帽徽与红星勋章的对比，可以看出这种帽徽尺寸有多么的巨大。

▲ 苏联红军使用的M15阿德里安钢盔，西方专家将其称之为"大星"钢盔。这些钢盔来自一战于俄罗斯制造的钢盔，带有镰刀和铁锤的盔徽由铜合金冲压制造，约0.33毫米厚。内衬由于佩戴略微有些损坏，这是装在俄军钢盔内的原始衬垫。

▶ "大星"盔徽，五角星通过插脚穿过用来盔徽的孔洞安装在钢盔上，右边图片能看到原来的涂装被后来的苏联涂装覆盖了。

▲ 这些原来在一战中使用的法国M15"阿德里安"钢盔，在1920年代晚期被翻新后重新配发，拥有采用薄片黄铜冲压的大五角星帽徽，被收藏者形象称之为"大星"钢盔。

◄ 1927年基辅苏联国家政治保卫总局（OGPU）下属的一支部队，全部佩戴着大星钢盔。

▼ 1930年5月1日在圣彼得堡（即列宁格勒）广场正在举行国际劳动节庆祝仪式的红军，注意士兵头上戴着的钢盔。

► 1934年使用捷格加廖夫轻机枪进行训练的红军机枪手，显然仍旧装备着旧式大星钢盔。

▲ 左图是1936年5月1日红军战士正在红场接受检阅，头上戴着大星钢盔。右图则是现代军迷扮演的角色，头戴相同的钢盔。

► 1938年正在接受检阅的苏联红军战士，此时新式钢盔虽已投产，但显然没有普遍列装。

背部焊有铜片，形成两个支脚，其中一个支脚比另一个长，支脚边缘要剪成直角。帽徽尺寸为：星尖外缘直径85毫米，内径约32毫米，水平星尖距离为80毫米。帽徽金属合金为：铜60 – 65%，锌40 – 35%，添加的其他金属不能超过1%。

带有红星的"阿德里安"盔和M17钢盔被西方专家作为"大星"钢盔而为人们所熟知，现在"大星"版"阿德里安"钢盔很稀少，而"大星"版M17钢盔就更加稀少了。

苏联人这时候把他们的现代钢盔称为"卡斯卡"（kaska，俄原文为Каска），这源于"钢盔"的西班牙拉丁语单词，在苏联民间则依然流行把军用钢盔称为"卡斯卡"。这一时期苏联钢盔没有使用缩写或其它名称，这时也没有采用型号加年代的表示方法。

苏联时代的早期钢盔

在十月革命后，苏联面临着内忧外患，国内各种武装叛乱群起，经济十分困难，国外的武装干涉不断。为了巩固政权，苏联在政治、经济上采取了一系列应对措施。军事上，1920年代苏联忙于镇压国内的反布尔什维克分子游击队和起义，在中亚地区对民族主义者"匪徒"进行了长达10年的镇压。虽然此时新式制服已经设计出来并装备了红军，但装备的钢盔基本上还是"大星"M1916"阿德里安"钢盔为主，另一些"阿德里安"钢盔只是被简单地涂上了较小的五角星和数字，在

20-30年代红军也使用了各种各样其他涂装版本的钢盔，人们最后一次看到这些钢盔是在1941年5月1日红场阅兵式上，此时苏联新式钢盔已经装备部队。值得注意的是，在1920年代期间，红军也曾使用在一战中由俄军缴获的奥匈帝国和德国头盔来发挥一些特别的作用，型号主要是德国M16钢盔和奥地利的M16钢盔，其中许多钢盔涂着伪装色。在1920年代后期，缴获钢盔中的大部分在前面安装了一个大五角星并被移交给了防空部队。这些俄军缴获的钢盔从没在实战中使用过，而且在1930年就停止了使用。虽然缴获钢盔至今仍有少量保存了下来，但极其罕见。

▲ 正在训练的红军高射炮兵，全部都戴着德国钢盔。

M1928钢盔

由于M17钢盔提供的防护能力依然薄弱，并且这种钢盔同时也属于对苏联并不友善的芬兰军队，于是苏联人开始设计真正属于自己的钢盔，并于20年代晚期开始建立自己的钢盔工业。第一种真正由苏联国内设计和制造的钢盔修改自法国M15"阿德里安"钢盔，并被定型为1928年式钢盔（стальной шлем образца 1928 года），这种新型钢盔的外形与法国钢盔类似，但要稍大一些，在垂直方向上对弹片可以提供稍好的防护。在通风设计上，这种钢盔也有稍许变化，采用新设计的主要目地就是提高空气流通性能。这种新钢盔仍沿用俄罗斯M17钢盔的盔体厚度，重量只稍微增加。类似"阿德里安"钢盔，M1928也采用多个部件焊接制造，但具体结构只能从零星的书面说明中去找寻了。这种钢盔的设计和生产都由红军后勤补给部门来负责，尽管制造单体结构的M17钢盔只需要75吨的冲压机，但在1928年的苏联仍然缺乏这种能力，因此采用这种三块部件制造钢盔也就成了迫不得已的最好选择。

M1928型钢盔的衬垫采用了一种拉丝棉普通类型，它的规格像M1917普通型，可以通过一条拉绳调整，铆钉栓固定M1917衬圈的样式被新型采用8个小铆钉的样式取代了。这种完全由苏联国内工业生产新式钢盔重约1公斤，大部分被涂上了一种暗橄榄绿色，但色彩的浓淡程度却有明显不同，这取决于所使用的油漆批次，军用装备使用标准化的混合油漆从来都不是苏联的强项（事实上所有精细的工作几乎都不是粗放的苏联工业的强项）。M1928钢盔并没有大量生产，今天似乎也不可能发现保存下来的M1928钢盔，据估计，苏联只生产了约50000顶该型钢盔。在苏联时期的报纸上曾经刊载有一张著名照片，显示1939年9月苏联骑兵进入波兰

▲ 红军使用的德国钢盔，这是一顶德国M16钢盔，缴获于一战，在1920年代配发给了防空部队。注意这顶钢盔并没有重新涂色，只是在前面简单地画上了一个大五角星，虽然这个五角星采用的是喷漆工艺，但却仍然是在部队作坊制作的。

▲ 这张来自苏方的阅兵照片，据信就是M1928型钢盔，但西方认为仍是法国M15钢盔。

维尔诺（Wilno，现立陶宛最大城市和首都维尔纽斯），这是根据1939年8月德苏秘密协定对波兰进行占领行动的一部分，骑兵们可能佩戴着M1928钢盔，但现在却没有证据表明这种钢盔曾被大范围配发。

今天我们无法找到任何实物来查看M1928钢盔容貌，也没有找到任何M1928钢盔的照片，因为大部分被称为M1928钢盔的照片，实际上都是"阿德里安"钢盔。

▲ 1939年9月苏联骑兵进入波兰维尔诺。

试验型钢盔

在30年代早期，苏联红军装备的钢盔数量仍然很少，少数的钢盔也只能在举行阅兵仪式的时候才能看到。此时包括钢盔在内，世界军事装备在不断进步。由于德国钢盔的出色性能，甚至早在20世纪30年代，许多国家就已经开始模仿德国钢盔，为本国武装部队设计和生产重型单体式、深碗状的战斗钢盔，此时红军却没有自己的现代化制式钢盔。欧洲局势迫使苏联加快研制自己的钢盔，以取代过时的"阿德里安"钢盔和M17钢盔。早在1929年，军方就向工业界提出研制一种"更适应现代诸兵种合同战斗环境"的钢盔。

炮兵总部（ΓАУ）科学与技术委员会就钢盔的技术规范下达了具体要求，包括：安全可靠地保护军事行动中战斗人员的头部免于霰弹、弹片、冻土块和远距步枪子弹的伤害；同时，这种钢盔在走路、骑马、乘马车、坐汽车时都必须简单易用，要牢固地戴在头上，不能摇晃，不能在额头或脖子上滑动，也不会压迫头部、颈背和鬓角，卧倒

▲ 1933年5月1日莫斯科红场，新建成的石质列宁墓前，无产阶级师正在举行阅兵仪式，边上的观礼台仍旧是用木头制作的，红旗上写着"统一和团结的列宁主义政党战胜了一切困难"。俄专家声称这些士兵佩戴着M1928钢盔，而西方专家则认为是法国M15钢盔。

射击时也不能滑脱；钢盔通风设计在风天或快速动作时不会产生啸声；内衬应能保证在夏季和冬季不需额外的头部支撑就能佩戴钢盔；冬季内衬和调整设备必须确保钢盔能提供适宜的深度，且能适应不同头围；内衬部分还应该十分的柔软并具有弹性，既不挤压头部，也不焐头，能减缓子弹或锋利武器的冲击。

苏联军事情报部门此时严密跟踪世界钢盔发展趋势，苏联军事工业设计师尤其注

意到波兰1931型这种平底深碗状的钢盔，以及意大利深碗圆边的M1933钢盔，瑞典和捷克制造的钢盔也受到苏联人的严密关注。

在1920年代晚期和1930年代早期，一名M1928钢盔设计组成员，红军后勤部门的亚历山大·阿布拉莫维奇·施瓦茨（Александр Абрамович Шварц）中尉承担了几种钢盔的设计工作，设计了几种反映世界钢盔发展趋势的试验钢盔，他和他的设计组成员设计了单体式、深碗状冲压试验钢盔，在这些试验钢盔中又挑选了几种进行了进一步的发展，但每种制造数量很少，其中至少有一种试验型钢盔在圣彼得堡的炮兵工兵和通信兵博物馆保存了下来。

最后方案的试验型钢盔向军方领导人——骑兵总监布琼尼元帅进行了展示，布琼尼还亲自参加了钢盔测试，用马刀对钢盔进行劈砍试验，这个插曲以常识来说可能只是个传闻，但由于布琼尼元帅性格豪放，而且热爱骑兵，诸如此类的传闻极多（例如给飞机上笼头），因此很难确定传闻故事的真伪。钢盔在当时的首要任务是防护弹片，因此军刀劈砍的目的有可能是想模仿命中的炮弹破片，布琼尼最终认为参加试验的钢盔不能提供有效的防护，因为来自钢盔顶部的攻击将会波及到使用者的肩部。布琼尼始终认为，在未来战争

1~4 意大利M1933型钢盔，大部该型钢盔为绿灰色涂装，从1940年开始采用暗绿色涂装，这顶钢盔前面带有用模板印制的黑色意大利步兵标志。

▲ 这张照片中的主人公就是头戴意大利钢盔的施瓦茨中尉，可见苏联试验钢盔的设计借鉴参考了当时世界各国先进钢盔。

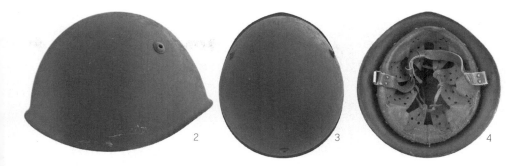

2　　　　　　　　　3　　　　　　　　　4

中，具有高机动能力的骑兵部队，仍将发挥重大作用，这就给新式防护装备提出了具体要求，因此在他的坚持下，钢盔通风口上保持了现在看来不必要的鸡冠设计，盔顶形状也更加的平缓。

M1929型试验钢盔

在1929年9月的大演习中，苏联红军士兵的装备中出现了一种新式钢盔。这种钢盔外形与M17"索尔伯格"钢盔相似，这就是M1929型试验钢盔，简称M1929型，是后期诸多苏式钢盔的鼻祖。

这种试验钢盔重1250克，厚1.1毫米，钢盔上半部分带有一个通风口，通风口上带有顶盖，样式类似M17"索尔伯格"钢盔，采用螺钉装在钢盔上。钢盔衬垫由独立的六段组成，每段都由金属片固定，金属片在顶部再依次连接成为一个整体结构，使用通风孔盖同样的螺钉固定在钢盔顶上。每段衬垫的背面都带有囊袋，里面塞满了棉花，衬垫顶部用细绳连接在一起。这种内衬虽然制造耗费时间，但具有良好的缓冲作用，并具有良好的通风性能。颚带采用皮革制造，上面

▲ 谢苗·米哈依洛维奇·布琼尼（1883-1973），1924-1937年任工农红军骑兵总监，1935年被授予苏联元帅军衔。1937-1939年任莫斯科军区司令，1939年任国防人民委员部总军事委员会委员、副国防人民委员，1940年8月任第一副国防人民委员，在卫国战争中为最高统帅部大本营成员。先后担任统帅部预备队集团军群司令员、西南方向总司令、预备队方面军司令员和北高加索方向总司令等职，1943年1月被任命为苏军骑兵司令和国防人民委员部最高军事委员会委员。

▶ 在这张的仅有模糊照片中，部分红军骑兵装备着M1929型试验钢盔。

▶ 施瓦茨M1929型试验钢盔。

◀ 一顶现存的M1929型试验钢盔细节，从图中可以看到这种钢盔的部分结构特点。

一个小方形调节扣，采用一个钢盔内表面配有底座的矩形环固定。钢盔涂装为橄榄绿或草绿色，但涂装的稳定性与一致性仍有欠缺。这种试验钢盔最终仅生产了一千余顶，由于生产程序过多、工作量过大且仍存在不足，这种试验钢盔最终失败了。

M30"施瓦茨"试验型钢盔

在1930年，施瓦茨和他的设计组成员在一战德国钢盔外形的基础上开始设计一种现代防护钢盔，当时的大背景是苏德双方在军事领域开展了广泛的合作。施瓦茨设计小组的工作方式非常类似于中世纪的盔甲手工业制造者，仅最低限度地使用了20世纪的工业技术。他们的几种试验型木模完全采用手工制作，使用高速冲压设备也仅用于将一块钢板进行基本成形，并在后部进行焊接。钢盔的顶部则是开放的，一件手工锻造的顶部件进行精细切割后被焊接在顶部。军械工人手工锤打的工艺质量非常高，特别是钢盔两边的曲线和弯曲的边缘。其后会对边缘进行修整，军械工人对边缘的打磨要显得更加老练。实际上，苏联人从来没有因为他们的钢盔卷边工艺遇到麻烦，直到后来生产SSh-68型钢盔时，卷边工艺才被认为不实用且造价过高。

施瓦茨设计小组设计了一系列外表看起来以德国钢盔为基础的钢盔，其中一些型号完成了设计，1930年代早期出现的施瓦茨试验钢盔数量不少于20种。他设计钢盔的灵感来自德国钢盔，因此外形非常像德国钢盔，但也有明显的不同之处：帽舌被加长，外形更小，而且没有通气孔。但这些钢盔注定要归于失败，主要原因就是这些手工制作版本钢盔，两边是直形的，虽然简易但大规模生产中无法进行冲压和拉伸，这貌视了冲压过程中的基本物理原理，在生产过程中一旦放进模具进行冲压，两边就会紧紧箍在模具上无法分离，施瓦茨可能不了解侧边平面形状的钢盔在弹道防护性能上并不有效。军方之所以没有批准这种钢盔还有一个可能的原因是因为在战场上很难将其与德国钢盔有效区分开来。

1990年底，葡萄牙收藏家托马

◄ 1936年佩戴着自己设计的第二种原型试验钢盔的施瓦茨中尉。

▼ 1930年代早期设计的试验钢盔。这张图片展示的是三个手工制造的不同尺寸试验钢盔，注意这三顶钢盔不同的边缘长度，看起来大规模生产的钢盔采用了更短边缘类型。根据尺寸的不同，钢盔重约1300克，盔体厚度1.1毫米。

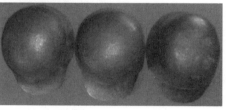

◄▼ 这两张照片向我们展示了单块钢盔弯曲、成形和焊接，焊缝在钢盔后边，而且这条焊缝并没有打磨。后面这张照片向我们展示了环绕顶部部件的焊缝也没有打磨。

► 这两张不同视角的照片展示了钢盔笔直的侧边、平行的下底、下垂的边缘，仅有2或3顶垂边型被制造了出来。有趣的是，这些钢盔与德国的M35钢盔极其相似，虽然没有有力的证据，但德国新式钢盔在逻辑上也是在M16钢盔基础上改进的现代化型。

▶ 另一顶试验钢盔的内衬
细节。

◀ 施瓦茨试验钢盔内衬和颚带。
这两张照片展示了不同的布质
普通内衬，内衬看起来像M16伊
佐拉钢盔使用的类型，也许是
M1928钢盔的类型。尽管右面这
顶采用的是品质更高的橄榄褐色
布料制作，但钢盔衬垫大都采用
的是普通的白棉布制作。

斯·萨拉查（Thomas Salazar）和俄罗斯人鲁斯兰·格拉德科夫（Ruslan Gladkov）专门从事卫国战争军事遗迹的搜寻工作，他们在圣彼得堡清理一个工业设施仓库时，从各种钢盔及其他军事装备当中发现了15顶施瓦茨试验钢盔，这些钢盔看起来一点也不象已经有70年历史了。严格来说，这些试验钢盔都不是苏联SSh-36钢盔的设计原型，但这些钢盔具有大量SSh-36钢盔富有特色的基本衬垫和悬挂系统，应该也为SSh-36钢盔的发展也作出了一定的贡献，今天这批试验钢盔成为保留下来的苏联原型设计而显得更加珍贵。

SSh-1936钢盔

由于30年代初日益紧张的国际局势，迫使苏联军事领导人决定加快钢盔的研发，以取代过时的M17钢盔，1934年开始为红军研发一种新式钢盔，列宁格勒金属制品厂1935年开始生产这种新式钢盔，并供应装备红军。这种新钢盔被定型为"1936年式钢盔"（Стальной шлем образца 1936 г），简称СШ-36型。经过1932-1935年各种试验钢盔的不断失败与探索后，施瓦茨和他的设计小组实现了具有重大意义的跨跃，成功设计出了这种独特的新式钢盔。从1936年开始，苏联开始采用"钢盔"的俄文西里尔单词"Стальной шлем"的简写СШ作为型号前缀。由于俄语"钢盔"对应拉丁语"stalnoy shlyem"，其简写"stalshlyem"的缩写为"SSh"，西方就以SSh开头来作为钢盔的型号前缀，"S"对应俄语字母

▶ 装备着SSh-36
钢盔的红军战士
正在检阅。

"С"，"Sh"对应俄语字母"Ш"，后面的数字则代表钢盔开始装备部队的时间，如西方型号SSh-39，实际对应的苏联型号是СШ-39。SSh这个型号前缀由苏联所有军用钢盔一直使用至SSh-68型，直到今天仍在使用。"Shlyem"这一单词也曾作为各种软帽的名称，例如巴拉克拉法帽，但用这个单词作为布质头盔名称的做法被官方于1936年终止了。

作为苏联第一种现代钢盔的设计者，施瓦茨在1937年的大清洗中被逮捕后枪毙了。苏联的大清洗消灭了众多优秀的红军指挥员和专业军工人员，当1941年6月纳粹向苏联发动进攻时，斯大林注定将为此付出更加惨重的代价。

SSh-36钢盔从设计、用材到制造，每一项都将影响到苏联第一种大规模生产的战斗钢盔。SSh-36钢盔可以说是一款真正设计典雅的钢盔，其外形多少让人想起德国钢盔（这或许因为其原型源自德国钢盔），它具有深厚的护碗，倾斜的侧边，可以提供额外的垂直防护，并有助于保护听力，前伸的帽舌比后来的苏联钢盔要长，这也给苏军士兵提供了可供有效识别的独特标识，独特的外形使得苏军士

▲ 1935年基辅军事演习期间的历史照片，可见此时红军已经装备了SSh-36型钢盔。

兵能够被立刻有效认别出来。尽管这种钢盔是重新设计的，然而仍继承了苏军此前装备其他型号钢盔的元素。钢盔带有一个小鸡冠覆盖在通风孔顶部，盔顶有一个冲孔，从顶部为钢盔通风（当时这仍然被认为是一项重要功能），鸡冠本身虽然不合时代潮流，但仍被认为有必要，因为它可以有效偏转马刀劈砍的刀锋。这个顶部独特的通风孔或使人想起传统的鸡冠，并联想到传统的"阿德里安"钢盔，只不过这个"鸡冠"要小得多。

盔体

SSh-36钢盔的盔体采用合金钢制造，厚度1.1毫米。盔体共有4种尺码规格，配套的衬垫则有8种规格，每种盔体配两种规格的衬垫，衬垫尺码从53到60厘米，钢盔总重1200-1300克，包括内衬和颚带。SSh 36钢盔后期型号盔体尺码标记被设计位于盔后缘的内部，盖有一个黑色矩形印戳，俄语西里尔字母单词"POCT"，后面是表明盔体"全尺码"的数字，数字为1-4之间，表明小到大（如1、1A、2、2A等等）。随着盔体尺码变大，由于钢盔在长度上的增大幅度要超过宽度的增加幅度，因此小规格的盔体显得更圆一些，而大规格的变得更加椭圆。黑色标记通常还包括表明是30年代的哪一年制造的时间标记，其他细节将会在后面进行介绍。

SSh-36盔体类似M17钢盔盔体，绕着底边也带有未经卷边的展开边缘，但

▲ 这张照片展示了SSh-36钢盔的长前边、经典的喇叭边以及颚带扣，这顶钢盔带有标准的衬垫，没有外部装饰。以苏联的标准来说，这种厚的盔体并制造出这么多的曲线是极其昂贵的。其边缘为打开状，有轻微的倾斜。图中这顶钢盔制造于1941年，尺码为4，由列宁格勒金属制品厂生产，其工厂戳印在盔体内后部，通风孔盖的鸡冠表明其效果良好。这顶钢盔事实上处于未配发状态，但内部标记表明是在1941年德国入侵后的28天内就被缴获了。

盔体	头围尺寸
1	53厘米
1A	54厘米
2	55厘米
2A	56厘米
3	57厘米
3A	58厘米
4	59厘米
4A	60厘米

SSh-36钢盔的底边进行过打磨。SSh-36钢盔涂装为深绿色或草绿色，色调因为制造批次不同而有所不同，甚至是在同一工厂内也会有所不同，而西方将其统一称为橄榄绿色。涂装采用苏联发明的油漆，这是一种特殊配方油漆，在防止划痕、开裂和生锈方面特别有效，钢盔在出厂时就已经被上好了油漆。后来还生产了粗糙的绿色盔布，来减少油漆的反光特性。

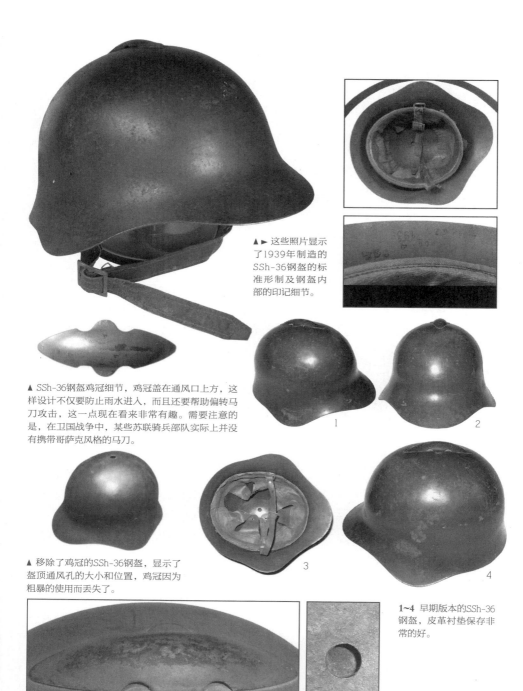

▲▶ 这些照片显示了1939年制造的SSh-36钢盔的标准形制及钢盔内部的印记细节。

▲ SSh-36钢盔鸡冠细节，鸡冠盖在通风口上方，这样设计不仅要防止雨水进入，而且还要帮助偏转马刀攻击，这一点现在看来非常有趣。需要注意的是，在卫国战争中，某些苏联骑兵部队实际上并没有携带哥萨克风格的马刀。

▲ 移除了鸡冠的SSh-36钢盔，显示了盔顶通风孔的大小和位置，鸡冠因为粗暴的使用而丢失了。

1~4 早期版本的SSh-36钢盔，皮革衬垫保存非常的好。

▲ SSh 36钢盔鸡冠和通风孔特写。

▲ 施瓦茨钢盔的第一种类型衬垫，这是一种很失败的衬垫设计，一条宽皮带和7个呈指状皮革缝在一起，指状皮革尖端有一个金属孔眼，一条棉布绳穿过上面的孔眼把7个"手指"串连起来，通过这条调节绳可以调整大小和松紧。内衬带缝在一个外皮带（带有金属衬圈）上，象三明治一样两者之间带有厚毛垫以作为缓冲。

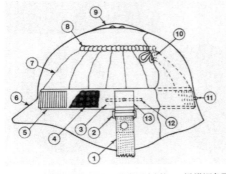

▲ SSh-36钢盔结构图（第二种类型内衬）：1. 橄榄褐色颚带，棉线编织。2. D形环，通过金属悬片固定在盔体上。3. 衬圈，金属材质外面包有橄榄褐色棉布。4. 橡胶布料防汗带，缝在衬圈表面。5. 波纹金属缓冲带，位置在盔体与衬垫之间，起到吸收冲击的作用。6. 盔体，采用1.1毫米钢板制造。7. 普通衬垫，采用橄榄褐色棉布料制作。8. 衬垫尺寸调整拉绳。9. 鸡冠，覆盖在钢盔通风孔上。10. 调节绳扎在后部。11. 三个开脚铆钉中的一个，将衬圈固定在盔体上。12. 开脚铆钉劈开的钉脚非常的长。13. 采用镀锌金属制造的悬片，用来连接颚带，通过穿过盔体和衬圈的开脚铆钉固定。

▶ 无铆钉版SSh-36钢盔。这种独特的钢盔采用的是第二种类型衬垫，没有波纹状的缓冲带。开脚铆钉焊在盔体内部，穿过一个布料包裹的金属衬圈，表面装有油布防汗带，一些锈迹表明波纹状的缓冲带曾经安装在钢盔内。

衬垫

　　SSh-36钢盔有两种衬垫，第一种特征是设计带有七指皮革衬垫缝在金属衬圈上，由三个开脚钉固定在钢盔圆顶的中端，大略与德国的M1931衬垫相类似，但麻烦的是在大规模生产中，皮革的持续品质控制问题。第一种版本衬垫带有一条厚毛料布垫在钢壳与外皮带之间，使用报告衬垫皮革的七指衬里太容易裂成小块或者根本就无法使用，仍然存在的少数图片也说明了其设计存在本质问题。1937年采用老式普通衬垫解决了这个问题，尺寸大小则通过内衬褶边使用拉绳进行调整。

　　在盔体与衬垫之间的铝制波纹状缓冲带还可以起到加强通风和吸收冲击的作用，虽然现在这两种衬垫的钢盔都比较稀少，但第一种皮革内衬更加稀少。改进的其他七指状皮革衬垫版本，采用一整块皮革制造，装在钢盔内并被送到了西班牙，在1936-1939年的西班牙内战期间补充给了共和国人民军，这是SSh-36钢盔首次接受战火的洗礼。

　　SSh-36钢盔的第二种类型内衬有一种值得注意的变型，这个信息来自于一顶美国的私人收藏钢盔。这是一顶带有第二种类型衬垫的1936年盔体，没有开脚铆钉露在盔体外面。这顶钢盔看起来在安装开脚铆钉前内衬已经被取出，三块长金属片随后焊在了盔体内部铆钉插孔的位置，衬圈然后再通过开脚铆钉装在盔体上。这种做法的官方记录并没发现，但另一个国外鉴定指出这是一件"早期"版本。因

▲ 无铆钉版SSh-36钢盔实物，从盔体外看不到外露的铆钉头。

◄ SSh-36钢盔第二类型内衬（标准型），这种内衬是主要的生产型号。值得注意的是在衬圈和盔体之间的波纹缓冲带是作为缓冲设计的，颚带连接环通过两边的开脚铆钉固定在盔体和缓冲带之间，结实的拉绳可以清晰的看到，盔顶带有通风冲孔。

为这顶钢盔采用了第二种类型内衬，它更可能是一顶后期生产的产品，这顶独特的SSh-36钢盔背后的理念至今仍然是一个迷。这样做似乎在设计上也没有优势，也可能是制造厂没有铆钉而临时使用了金属碎片焊在盔体内。在卫国战争期间，对于工厂管理人员来说，军事装备顺利完成生产指标是一个关乎生与死的问题，这可能是为了避免最坏结果，而不得不在没有铆钉的情况下而采取的应急举动，直到有铆钉可用为止。这样的钢盔仅生产了很少数量，并且在盔体内也没有制造厂的标记，这个实例也向我们展示了在不利情况下苏联人的创新能力。这种钢盔在SSh-36钢盔中虽然数量有限但仍然存在，这种无铆钉版无疑是相当的珍贵。

颚带

在SSh-36钢盔制造过程中，总共安装了五种不同类型的颚带。第一种采用编织带制作并在带扣边缘有单点爪齿；第二种类型也采用编织带制作，但采用压力夹扣没有抓齿；第三种类型采用了滑扣，第四种则是非常稀少的版本，使用蓝色皮带，带有开脸扣；第五种类型则几乎只在西班牙使用过，为单叉扣，可以插在颚带的扣眼内，类似德国的版本。

盔徽

大部分SSh-36钢盔的都带有盔徽，表现为大的红色五角星，但这种符号表现方式不同，我们能遇到两种基本的版本，全部采用模版印制。第一种版本可以称为

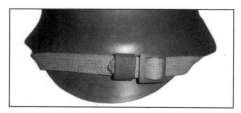

▲ SSh-36钢盔第三种类型颚带，带有滑扣。

▲ SSh-36钢盔组图，展示了优雅的线条，作为1930年代经典的苏联钢盔，这种钢盔一直生产到1941年。

"瘦星"，这种细线五角轮廓星的线条约有2毫米宽，中间带有象征共产主义的镰刀和铁锤交叉图案。比较稀少是，我们也能遇到采用白漆绘制的五角星，带有这种盔徽标志的钢盔主要用于苏芬战争。第二种版本的五角星也采用模版制作，但五角星轮廓线条的特点是比较粗（约有3毫米宽），这种版本可以称为"胖星"。我们也能看到更为稀少的红色实心五角星，这种盔徽只在红场阅兵仪式的历史照片上出现过。

需要说明的是，盔徽涂装工作从来都不是在钢盔生产厂来完成，而是由部队级别的修理铺来完成。这种分散作业的方式，造成五角星的尺寸在不同单位之间有很大的不同，最初的五角星差不多覆盖了

▲ SSh-36钢盔的线条版盔徽

整个钢盔前方。到了1939年这种星形帽徽也就不再适用了，因为涂画帽徽被认为过于琐碎而不值得付出，也可能这项工作已经变成一件没什么用处的苦差了。

钢盔的生产

SSh-36钢盔一直生产到1941年，根

▲▼ 带有镰刀铁锤
"瘦星"盔徽和
第二种类型衬垫
的SSh-36钢盔。

▲ 1938年5月1日，正在列队接受检阅的红军士兵，佩服
戴着新式SSh-36钢盔，注意其五角星盔徽是实心的。

▲ 在二战初期由红军使用的
一顶SSh-36钢盔，带有典
型的完整衬垫和波纹状的缓
冲带、颚带。钢盔前面带有
"瘦星"盔徽，制造标记勉
强可见，尺寸为3（大），
制造于1939年。

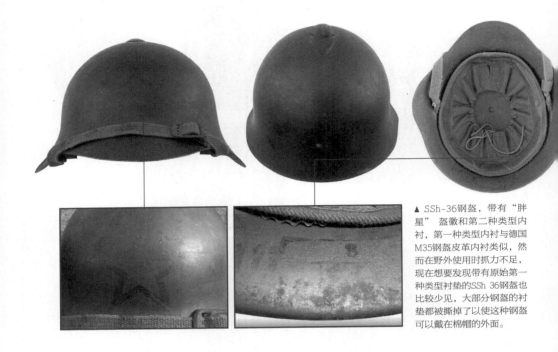

▲ SSh-36钢盔，带有"胖星"盔徽和第二种类型内衬，第一种类型内衬与德国M35钢盔皮革内衬类似，然而在野外使用时抓力不足，现在想要发现带有原始第一种类型衬垫的SSh 36钢盔也比较少见，大部分钢盔的衬垫都被撕掉了以使这种钢盔可以戴在棉帽的外面。

据俄方资料，总产量为150万−160万顶之间。SSh 36钢盔主要在两个工厂进行了生产，第一个工厂是第371厂，即列宁格勒金属制品厂（Ленинградский металлический завод）。该厂始建于1857年，1941年因战争威胁，该厂开始进行大规模的转移，尤其是珍贵的设备。此后开始过渡生产国防装备，包括制造炮弹，修理与制造坦克，修理重型舰载火炮并为海军提供安装服务，修理海岸炮等。在战争期间，该厂生产了超过20多种武器。因为从事军工生产，该厂先后遭到了德军多次轰炸。1941年9月18日德军飞机投下了11枚燃烧弹，其中一些炸弹落到了尚未完工的21车间房顶。9月22日第4机械车间被德军的爆破弹直接命中，摧毁了800平方米的屋顶以及50吨的桥式起重机，3人负伤。10月3−4日夜，德军爆破弹直接命中一个车间，杀死了5名工人，11月3日两枚重型炸弹命中蒸汽轮机车间，11月7日该厂第一次遭到大规模炮击。该厂冒着敌人的炮火修复损伤并继续生产，1942年5月31日在"发电机"体育场，该厂足球队还和"发电机"足球队举行了一场足球比赛。1943年4月16日该厂遭到了战争期间最为猛烈的轰炸，共持续4小时27分钟，工厂设施被27次直接命中，工人有4人丧生7人受伤，但轰炸并没有摧毁该厂，列宁格勒金属制品厂仍得以继续生产。1945年该厂因发展涡轮机的杰出贡献和成功完成国防生产任务而获得列宁勋章，1957年因推动了国内电力发展和建厂100周年被授予列宁勋章，1971年因提前完成企业的五年生产计划和生产了独特的大型蒸汽、水力轮机而获得十月革命勋章。2004年该厂重组为"列宁格勒金属"开放型股份公司，并成为俄罗斯动力机械集团（OAO "Силовые машины）的分厂，现在的列宁格勒金属制品厂成为了俄罗斯著名的大型涡轮机（汽轮机和燃气轮机)制造厂。在二战期间，由于德军对列宁格勒的封锁，导致该厂的钢盔产品质量相对较差。

　　SSh-36钢盔第二个工厂是第700厂，即雷西文斯基冶金厂（Лысьвенский металлургический завод）也就是雷西瓦冶金厂，该厂座落于彼尔姆边疆区东部，位置在距离乌拉尔山脚100公里的雷西瓦河畔小城雷西瓦，该厂创立于1785年，是乌拉尔地区历史最悠久的企业之一。该厂从1914年开始就持续进行军工产品的生产，其产品包括炮弹、引信等。在卫国战争中，该厂代码为第700厂，其作用日益突出。由于生产钢盔，使得该厂变得日益著名，此前该厂曾是苏联钢盔唯一制造商。根据1942年7月16日苏联苏维埃最高主席团的命令，该厂因模范完成国防生产任务，被授予列宁勋章，根据1945年9月16日的命令，因大量生产弹药授予该厂一级卫国战争勋章。在战后该厂开始转产民用产品，并进行了技术装备更新，增加了钢铁和钢材产量，其产品包括冷轧产品、镀锌板等。

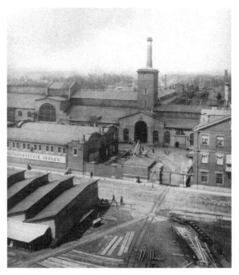

▲ 19世纪末的列宁格勒金属制品厂。

▲ 列宁格勒金属制品厂曾使用过的厂房，现在成为了该厂的厂史博物馆。

▲ 雷西瓦冶金厂内工人们正在装配线上生产军用钢盔。

钢盔的使用

　　SSh-36钢盔第一次在战斗中接受检验是在西班牙和远东。西班牙版本的SSh-36钢盔带有特别的皮革衬垫和颚带，在西班牙内战中装备了苏联志愿者和西班牙共和国人民军同德意法西斯武装干涉作战。据估计仅有10000顶SSh-36钢盔被运到了西班牙，这些钢盔通常在当地制作替换衬垫。斯大林的政策是在西方尽可能长期的牵制法西斯份子，但苏联也从未提供过任何一种充足的装备给共和党武装力量以使其获得战争的胜利。

　　SSh-36钢盔同时也用于1938年与日本的朝鲜边境冲突，1939年的蒙古边境冲突，苏联当时向远东特别军区补充了一批最低数量急需的钢盔，"阿德里安"钢盔、M17钢盔(供机枪手使用)、M1928钢盔此时在远东仍然在继续使用，原因在于苏联物资分配体系的固有缺陷，但造成这一结果的既有距离过远的阻碍，也有运输的问题，还有就是大清洗对军事体系的严重破坏。

　　在苏芬战争中，少量缴获的SSh-36钢盔被德国军事情报人员用船运回国内进行研究，德国人的结论是这种钢盔要比"阿德里安"钢盔好，但并不是德国

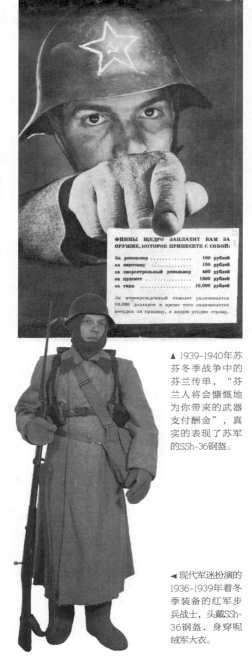

▲ 1939-1940年苏芬季战争中的芬兰传单，"芬兰人将会慷慨地为你带来的武器支付酬金"，真实的表现了苏军的SSh-36钢盔。

◄现代军迷扮演的1936-1939年着冬季装备的红军步兵战士，头戴SSh-36钢盔，身穿呢绒军大衣。

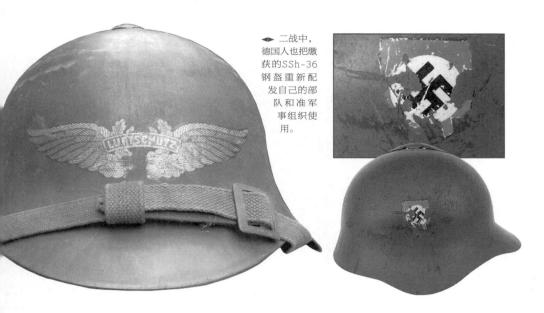

二战中，德国人也把缴获的SSh-36钢盔重新配发自己的部队和准军事组织使用。

M35钢盔的对手。芬兰人实际上也把缴获的SSh-36钢盔用于自己的补给部队和供民防使用，战后芬兰人把这些钢盔储存了很长时间，直到苏联解体，最后芬兰人把这些钢盔在国际军品市场上以合理的价格出售了。

在此后一系列战事中，SSh-36钢盔伴随着苏军一再出场，包括1939年入侵波兰和1940年入侵波罗地海国家，以及此后的卫国战争。在德国入侵苏联时，当时纳粹德国规定在前线作战时禁止使用大多数的敌人轻武器和步兵装备。在1941年德国入侵苏联的第一天，德国人就缴获了巨大数量的SSh-36钢盔，随后将这些缴获来的钢盔用于自己的民防部队，例如配发给空防组织和高炮补充人员的钢盔，涂装为德国空军的暗蓝色，并在钢盔前方贴有一个大鹰徽。

苏联人设计SSh-36钢盔时，认为1.1毫米厚的盔体对于炮弹碎片以及至少从100米处射击的大多数子弹能提供有效的防护，后来认识到球形的钢盔才有利于提供更好的防护，也有利于把子弹弹飞防止以穿透。随着新式钢盔的大范围配发，证明SSh-36钢盔的生产太过昂贵，钢盔外扩的侧边和前伸的帽舌不仅使制造成本更加高昂，看起来也不合乎时代潮流，并且使得钢盔极不稳定。对于在战斗中剧烈运动的战士来说，这种钢盔显得过于笨重，对于在苏联大陆气候条件下使用的苏联士兵来说，使用这种钢盔也太冷了。军方决定SSh-36的替代型钢盔在1939年开始生产，但SSh-36钢盔仍与新式钢盔平行进行生产，并直至1941年，以后逐步被SSh-40所取代。苏德战争开始后，由于士兵装备钢盔的极度缺乏，在战场上回收

▲ 1939年10月在远东地区的红军士兵正在进行机枪训练，头戴SSh-36钢盔，这是战前红军的标准钢盔。

▲ 1939年11月7日，红军正在基辅最繁华的克列夏季克大街举行检阅仪式，可见大批军人装备了SSh-36钢盔。

▲ 1941年8月位于前线的苏联狙击手西多罗夫（В.А.Сидоров），使用配有PE光学瞄准镜的莫辛纳甘M1931狙击步枪，头戴SSh-36钢盔，可以看到钢盔前带有红五星帽徽。

◄ 1941年在列宁格勒前线涅挖河畔战壕中的苏军士兵，第一名和最后那名士兵头戴SSh-36钢盔，中间的士兵头戴SSh-40钢盔。

◀ 1939年夏,苏蒙军总司令朱可夫正在查看一顶被击穿的SSh-36钢盔。

▲ 正在划桨的苏联波罗地海海军步兵,尽管此时已是1943年,但仍有士兵头戴战前的SSh-36钢盔。

▲ 摄于1944年的苏军T34-85坦克,坦克上搭载的几名步兵头上仍戴着旧式的SSh-36钢盔。

▲ 1943年8-9月列宁格勒岸边的一个85毫米高射炮组,注意所有的士兵都佩戴着战前的SSh-36钢盔。

▲ 基辅战役博物馆列列的SSh-36钢盔。

的钢盔修复后又重新进行了配发,这些修复的钢盔大都装配了第二种类型衬垫。

对于收藏者来说,一项没有重新涂装,并带有原配布内衬和防汗带的SSh-

36钢盔,在今天已是相当罕见了,而带有原装七指衬垫的钢盔则更加的少见。对于许多人来说,经典的SSh-36"施瓦茨"钢盔使得他们对苏联钢盔保持了很大的兴

▲ 正在行军的一个苏军步兵排，大部分士兵头上戴着SSh-36钢盔。

▲▶ 萨拉托夫州战争荣誉博物馆陈列的一顶SSh 36钢盔。

趣，可以说，这种型号的钢盔是收藏者中最具人气的苏联钢盔，因为SSh-36揭开了苏联钢盔的新篇章。

二战美国海军陆战队
单兵武器（上）

作者/ 赫英斌

美国海军陆战队（United States Marine Corps，USMC）是美军中的重要组成部分，诞生于1775年11月10日，这一天也是美国海军陆战队的成立纪念日。此后，美国海军陆战队一直作为精锐部队被投入到美国在世界各个地区的行动中去。

"永远忠诚"的"皮领""锅盖头"

在部队编成方面，美国海军陆战队由海军陆战队司令部、作战部队（包括地面作战部队Ground combat element、航空作战部队United States Marine Corps Aviation、舰队海军陆战队Fleet Marine Force和海军陆战队特种部队United States Marine Corps Forces Special Operations Command）、辅助后勤单位及海军陆战队预备部队。需要特别注意的是，负责美军的基地保卫和美国驻外使馆保安的也是隶属于美国海军陆战队的海军陆战队保安团（Marine Corps Security Force Regiment，MCSFR）和使馆警卫队（Marine Corps Embassy Security Group，MCESG）。

在指挥序列上，美国海军陆战队虽然与美国海军属平行兵种关系，但司令部却隶属于美国海军部，接受由文人领导的海军部行政管辖。海军陆战队司令虽然是美国海军陆战队军阶最高的军官，也是参谋长联席会议成员，但却只是行政政职务，对美国海军陆战队没有作战指挥权。由于与美国海军具有天然的亲近关系，海军陆战队与海军有许多体制上的合作，如海军会为海军陆战队培养军官和飞行员，提供医疗人员及宗教人员；而美国海军陆战队则会为美国海军提供陆上和海上的人员支持，包括基地守卫、舰艇保卫以及登陆作战支持等。

作为一只精锐部队，美国海军陆战队一直深受军事观察家的关注和军迷的喜爱，美国海军陆战队也是众多影视题材中备受关注的重点。举例来说，有描写二战背景的《风语者》、《父辈的旗帜》、《太平洋》，描写现代背景的《好人寥寥》、《勇闯夺命岛》、《杀戮一代》、《锅盖头》、《海军罪案调查处》等影视作品。在第二次世界大战中，美国海军陆战队主要活跃于太平洋战区，参与了一系列"血腥"的登陆及防守作战，包括威克岛守卫战、塔拉瓦环礁登陆战、瓜达尔卡纳尔岛战役、塞班岛战役、马里亚纳群岛及帕劳战事、硫磺岛战役、冲绳战役等，承受巨大伤亡的同时，也获得了荣誉，获得普利策奖的摄影作品《美军士兵在硫磺岛竖起国旗》就是捕捉了六名美军在硫磺岛折钵山竖立美国国旗的情景，其影响一直延续至今。

在第二次世界大战的太平洋战场上，美国海军陆战队立下了赫赫战功，那么他们所使用的单兵武器究竟都有哪些，其优缺点又是什么，这就是本文将要为众多军迷所要揭示的重点，下面我们就一起再回到那个战火纷飞的年代。

自卫武器

Self-defense weapon

在二战中，通称的自卫武器是指手枪，主要装备军官、车辆驾驶员等无需强大进攻型火力的军队人员，在美军中也有少量采用自费购买手枪作为火力补充的例子。在太平洋战场的后期登陆作战中，由于日军常会进行"白兵突击"（即刺刀冲锋，美军称之为"万岁冲锋"），因此美军往往会为部队大量配发自动手枪，这一改变在海军陆战队中尤为明显，因为在此之前，一般只有海军陆战队的军官会被允许佩戴手枪。

柯尔特M1909转轮手枪

首先需要纠正一个说法，在国内一般会习惯性地将"转轮手枪"称之为"左轮手枪"，因为早期很多转轮手枪的转轮弹仓再装填时会从枪身左侧（枪口向前时）进行，目的是充分利用使用者的左手，加快再装填过程，但事实上，也有从枪身右侧进行再装填的转轮手枪。因此出于严谨的态度，我们一般不采用"左轮手枪"的说法，改以称之为"转轮手枪"。

柯尔特M1889和M1905转轮手枪伴随着美国海军陆战队参加了美西战争和镇压菲律宾起义等行动。在镇压菲律宾起义的过程中，海军陆战队发现.38英寸（约9.65毫米）口径的长柯尔特转轮手枪子弹威力不足，因此柯尔特M1909转轮手枪改为使用.45英寸（11.43毫米）的M1909子弹，

▲岩岛兵工厂制造的带有"USMC"压花的M1909枪套，背面带有岩岛兵工厂制造标记。

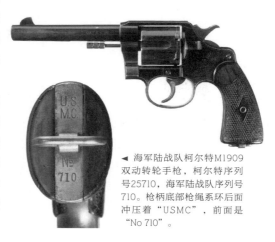

◀ 海军陆战队柯尔特M1909双动转轮手枪，柯尔特序列号25710，海军陆战队序列号710。枪柄底部枪绳系环后面冲压着"USMC"，前面是"No 710"。

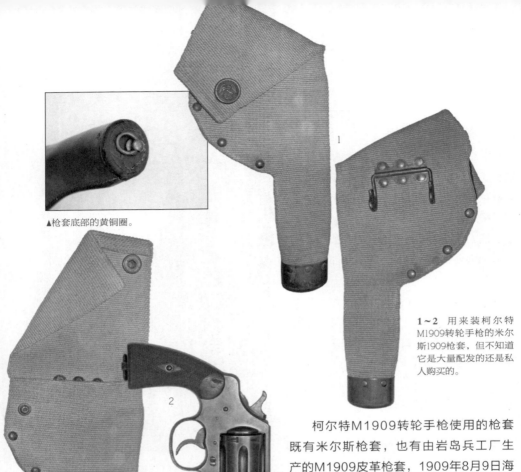

▲枪套底部的黄铜圈。

1～2 用来装柯尔特M1909转轮手枪的米尔斯1909枪套，但不知道它是大量配发的还是私人购买的。

同时采用发蓝处理的5.5英寸（约13.97厘米）枪管。海军陆战队定购了1300支M1909转轮手枪，柯尔特的序列编号为231010至26300。每支转轮手枪上都标有"USMC"的标记，对应海军陆战队序列号是从1到1300。

柯尔特M1909转轮手枪使用的枪套既有米尔斯枪套，也有由岩岛兵工厂生产的M1909皮革枪套，1909年8月9日海军陆战队通过陆军军械局订购了600个带有"USMC"压花的皮革枪套。M1909皮革枪套是典型的一体皮革构造，经折叠后缝合，并且带有一个单独缝制的腰带环，这个腰带环通过三枚黄铜铆钉固定在枪套主体上。固定手枪的套盖用一枚黄铜搭扣固定。枪套的底部带有一个黄铜环可以连接皮带将枪套绑在腿上系牢。现在已知这种枪套有两种变型，一种带有"RIA"标记，另一种没有。其区分是枪套上都带有"USMC"压花，RIA制造的枪套实例上带有一种细长的"USMC"压花。有可能没有标记的M1909手枪套和M1912手枪套

▲提安尼岛作战期间，两名海军陆战队军官展示了携带M1911手枪的两种不同方式：右侧准将使用M3皮革枪套，将手枪佩戴在靠近胸口处；左侧中尉使用M1916枪套将手枪佩戴于腿侧。

一样由海军陆战队费城仓库制造，但并没有确切的资料来证实。

M1911自动手枪及改进型

　　在第一次世界大战爆发时，美国海军陆战队装备的标准手枪是柯尔特.45英寸口径（11.43毫米）的M1911手枪。1912年到1918年1月期间，通过美国海军部的两个订单和直接与柯尔特公司签署的合同，海军陆战队获得了5650支柯尔特M1911手枪。后来又通过申请获得了另外4300支M1911手枪。除了一战，在1916年—1924年的多米尼加共和国"香蕉战争"和1915年—1934年的海地暴乱等一系列行动中，

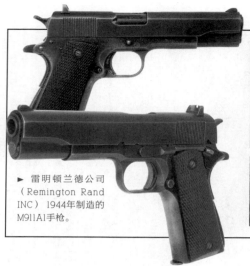

► 雷明顿兰德公司（Remington Rand INC）1944年制造的M911A1手枪。

海军陆战队员也在使用这种手枪。由于在行动中的优异表现，M1911手枪变得非常受欢迎。1926年6月，其改进型M1911A1开始生产。

根据1932年8月30日海军陆战队服装等价格表，柯尔特M1911手枪是标准装备，含1个手枪弹匣的价格是23.6美元。所有陆战队采购的M1911手枪上滑套的标记为"MODEL OF 1911. U.S.Army"，机匣上为"UNITED STATES PROPERTY"。对收藏者来说，任何一支带有"USMC"标记的柯尔特M1911或M1911A1手枪都是赝品。由于海军陆战队在二战中大量使用了M1911和改进型M1911A1手枪，因此并不清楚在战争期间他们获得了多少M1911A1手枪。

在一战期间，海军陆战队M1911手枪使用的标准手枪套是M1912手枪套，这种手枪套由黄褐色皮革制作，配有一个大型挂环，通过一个黄铜转环连接到套体

► 用于柯尔特M1911手枪带有"USMC"压花的M1912手枪套。

上，这个转环的作用是旋转，可以在骑马或不骑马时使枪套佩戴更加舒适。与陆军不同的是，海军陆战队使用的枪套盖上冲压有"USMC"压花。需要指出的是，有照片证据表明，海军陆战队采购的带有"US"压花的M1912手枪套可能比带有"USMC"压花的M1912手枪套要多。

▲M1911A1手枪分解图。

▼ 一种用于M1911手枪并由海军陆战队少量进行评估的米尔斯No.305型手枪套，类似早期米尔斯手枪套这种手枪套采用编织面料制作。手枪套用一整块面料制作，但被折叠成手枪套形状并且边缘缝有布带包边，在扳机护圈区域用两枚铆钉加强。套盖折叠，在前面采用一个圆形按扣扣合，陆军型米尔斯手枪套采用的是一个LTD按扣。枪套的底部黄铜帽由六枚黄铜铆钉固定到编织面料上，手枪套后部的黄铜挂钩穿过一个编织带环，带环通过铆钉固定在手枪套上。这种手枪套由海军陆战队于1914年进行了评估，虽然它颇受好评，但由于未知原因未获通过而没有采用。

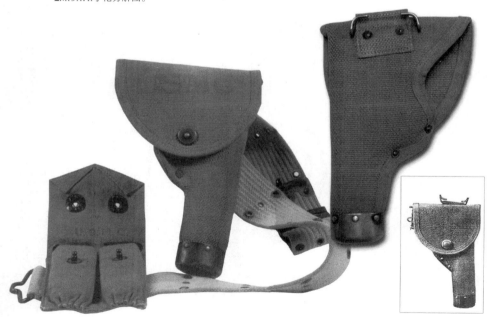

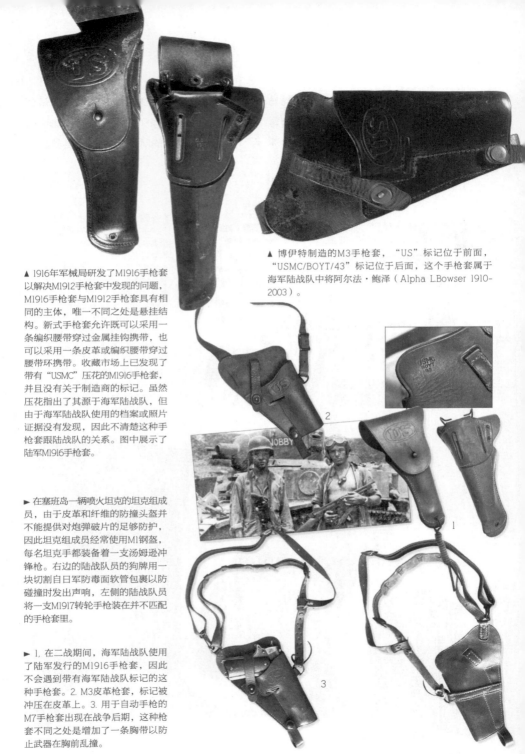

▲ 博伊特制造的M3手枪套，"US"标记位于前面，"USMC/BOYT/43"标记位于后面，这个手枪套属于海军陆战队中将阿尔法·鲍泽（Alpha L.Bowser 1910-2003）。

▲ 1916年军械局研发了M1916手枪套以解决M1912手枪套中发现的问题，M1916手枪套与M1912手枪套具有相同的主体，唯一不同之处是悬挂结构。新式手枪套允许既可以采用一条编织腰带穿过金属挂钩携带，也可以采用一条皮革或编织腰带穿过腰带环携带。收藏市场上已发现了带有"USMC"压花的M1916手枪套，并且没有关于制造商的标记。虽然压花指出了其源于海军陆战队，但由于海军陆战队使用的档案或照片证据没有发现，因此不清楚这种手枪套跟陆战队的关系。图中展示了陆军M1916手枪套。

▶ 在塞班岛一辆喷火坦克的坦克组成员，由于皮革和纤维的防撞头盔并不能提供对炮弹破片的足够防护，因此坦克组成员经常使用M1钢盔，每名坦克手都装着一支汤姆逊冲锋枪。右边的陆战队员的狗牌用一块切割自日军防毒面软管包裹以防碰撞时发出声响，左侧的陆战队员将一支M1917转轮手枪装在并不匹配的手枪套里。

▶ 1, 在二战期间，海军陆战队使用了陆军发行的M1916手枪套，因此不会遇到带有海军陆战队标记的这种手枪套。2. M3皮革枪套，标记被冲压在皮革上。3. 用于自动手枪的M7手枪套出现在战争后期，这种枪套不同之处是增加了一条胸带以防止武器在胸前乱撞。

栓动步枪及半自动步枪
Bolt-action Rifle and Semi-automatic Rifle

当第二次世界大战爆发时，斯普林菲尔德7.62毫米的M1903系列步枪（有时也会被翻译成春田M1903式步枪）就已经装备了陆战队步枪手。这种步枪被认为是当时最好的旋转后拉枪机式步枪，可以与日本的7.7毫米的九九式步枪相匹敌。同时，M1903步枪也可以安装一个M1榴弹发射器。在1943年，M1903步枪仍由舰上分遣队、陆战队兵营和海军设施警卫分遣队和陆战队后勤部队使用。斯普林菲尔德步枪也可以配备5倍或8倍瞄准镜作为狙击步枪使用，而且每个班最初都保留了这种武器。

1940年，海军陆战队开始采用M1加兰德半自动步枪，但这种步枪最初优先装备陆军。M1步枪由8发弹夹供弹，射速更快，能使陆战队员在近距离战斗中占据优势。但深受斯普林菲尔德步枪影响的军士们更喜欢精密和远程的步枪，他们认为对迟钝的新兵来说，M1步枪使用和维护太繁琐并且操作复杂。在科雷希多岛、威克岛、关岛、瓜达尔卡纳尔岛和新乔治亚岛的战斗中，陆战队员仍然使用老式的斯普林菲尔德步枪。许多陆战队员哀叹M1903步枪的逝去，但恰恰相反的是，他们又保留了战斗期间从陆军"借"来的M1步枪。1943年4月，从瓜岛离开的第1陆战师在澳大利亚才配了M1步枪。1943年11月布干维尔岛战役期间，整个陆战队才开始全

▲ 所罗门群岛美国海军陆战队员正在搜索灌木丛下的日军，这是典型的瓜达尔卡纳尔岛海军陆战队员装备：M1941制服，陆战靴，M1941 D环背包，M1941挂带，M1910或M1923弹药腰带，M1941水壶套，一支M1903步枪，一把M1905刺刀，一顶M1钢盔以及一个或二个额外的.30-06(7.62×63毫米)棉子弹带。

面换发M1步枪。1943年年底在大多数陆战队部队中，M1加兰德半自动步枪已经取代了M1903步枪。

斯普林菲尔德M1903系列步枪

斯普林菲尔德M1903是美国一种著名的步枪，1903年6月19日正式采用，M1903步枪最初参加的很多战斗都是由美国海军陆战队上阵的。由于海军陆战队是维护美国利益的急先锋，因此这并不让人意外。海军陆战队第一次配发M1903步枪是在1908年，当时取代了以前使用的6毫米李式M1895步枪。1912年在尼加拉瓜，1914年4月–11月的墨西哥，海军陆战队都使用了M1903步枪。

▲ 斯普林菲尔德M1903A3步枪多角度组图。

1~3 1903年斯普林菲尔德兵工厂生产的M1903步枪，枪号507，安装着独特的杆式刺刀。1903年11月–1905年1月间，斯普林菲尔德兵工厂生产了用于M1903步枪的杆式刺刀约74000支，1905年1月11日，杆式刺刀步枪的生产被停止，以便将已生产的步枪修改配用一种新式刺刀。在停产时，数量有限的杆式刺刀步枪被配发给西点军校、驻阿拉斯加和菲律宾的陆军部队，约100支杆式刺刀M1903步枪被提供给了一些国家武装力量和少数几人。在1905年1月生产停顿后，斯普林菲尔德兵工厂修改了几乎所有的74000支M1903步枪以匹配新式M1905刺刀，独特的杆式刺刀被放弃了。

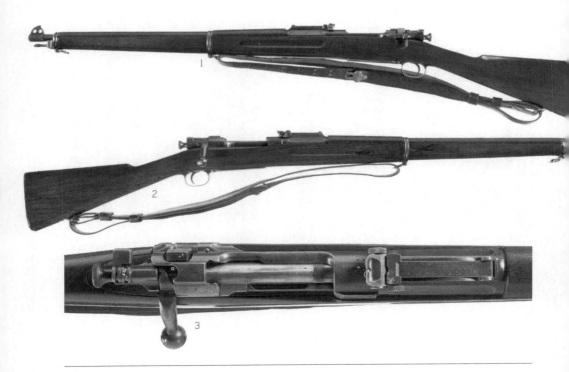

在一战前，海军陆战队在海地和多米尼加共和加也使用了M1903步枪。到1917年4月美国加入第一次世界大战的时候，斯普林菲尔德兵工厂和岩岛兵工厂已经生产了843239支M1903步枪。在一战中，M1903步枪精确性好的特点深受陆军士兵和陆战队员的喜爱，并使敌人感到恐惧。一战后，海军陆战队继续使用M1903步枪。虽然海军陆战队1912年就在尼加拉瓜使用过M1903步枪，但这并不是这种步枪最后一次在该国家使用，1928年1月14日在尼加拉瓜，海军陆战队攻击了艾尔奇波特要塞（El Chipote）的桑地诺武装。二十世纪二十年代，海军陆战队也两次部署并使用他们武器应对美国一系列的暴力邮政劫案，虽然警卫邮件时使用的主要武器是M1911手枪、温彻斯特M1897和雷明顿M10霰弹枪，但很大一部分陆战队员还是装备着M1903步枪。

▲ 使用杆式刺刀的M1903步枪枪口部位特写，可以看到装在枪管下方外露杆式刺刀刀尖。

▼ 塔拉瓦环礁登陆战期间，海军陆战队已开始全面换装M1加兰德半自动步枪。

▲ M1903步枪所使用杆式刺刀全长597毫米，刀身长298毫米。特写还包括枪口装置、机匣盖和护木部分。

▲ M1905第二种类型刀鞘使用金属挂件钩挂到弹药腰带上的方式。

▲ M1905第二种类型刀鞘上金属挂件的局部细节。

▼ M1905刺刀和改进型M1905刀鞘，这种改进型刀鞘取消了旋转金属挂件改为M1910型金属丝挂钩。M1903步枪最初配用的是杆式刺刀，当时西奥多·罗斯福总统认为杆式刺刀不佳，要求兵工厂对其进行改进，1905年杆式刺刀被新式刺刀所取代，这就是M1905刺刀，当M1步枪成为制式武器后，这种刺刀依然得到了使用。M1905刺刀从1905年开始成为美军制式刺刀，并一直持续到二战后，在二十世纪40年代还发行了用于M1步枪的短型号M1905刺刀。

► M1905刺刀配有M1905皮革刀鞘，这种刀鞘使用了一个可旋转的金属挂件，用金属夹钩挂到弹药腰带上。

当美国陆军最初于1936年采用M1加兰德步枪时，由于斯普林菲尔德M1903步枪深受士兵喜爱，因此许多人并不愿意换装新步枪。海军陆战队也没有采用新步枪，M1903步枪仍被保留并继续在陆战队中服役。在海军陆战队测试中，M1加兰德步枪虽然具有优势，但普遍的看法是M1903步枪更高的精度允许陆战队员步枪手最大限度地发挥效力。1941年美军全面加入第二次世界大战，可仍然没有足够的M1步枪装备部队，陆军和海军陆战队均未完成向M1加兰德步枪的过渡，M1903步枪继续作为标准制式步枪配发，同时还存在狙击型供部队使用。

M1903步枪不仅在北非和意大利的战斗中能够看到，在太平洋战场初期的战斗中也是随处可见，在瓜达尔卡纳尔岛战役中，海军陆战队员依然使用着这种著名的步枪。一些陆军人员使用替代的M1903步枪武装起来，一些后勤部队在整个战争期间一直使用M1903步枪。在大多数情况下，军队使用M1903步枪进行训练，当部队乘船前往海外时才配发M1加兰德步枪。当海军陆战队在即将开赴前线时，他们只获得了少量的M1加兰德步枪，直到1943年大多数海军陆战队部队才完成M1903步枪换装M1加兰德步枪，但老步枪继续发挥着特殊作用，安装瞄准镜的M1903步枪被作为狙击步枪使用，在短时期内每个步兵班保留一支并配备一个M1榴弹发射器，因为当时配备M1步枪的M7榴弹发射器并没有大规模配发。M1903步枪在战争期间一直由舰上分遣队、陆战队兵营、海军设施警卫分遣队和陆战队后勤部队使用，部分枪支甚至一直使用到上世纪60年代。

M1917步枪

在二十世纪早期，英国陆军对李恩菲尔德步枪的效力并不能肯定，因此在恩菲尔德的政府兵工厂成立了以生产毛瑟样式步枪的车间，同时生产新式无底缘子弹供这种步枪使用。1912年这种步枪以恩菲尔德P13步枪的编号进行生产，由于P13步枪的早期型使用的是威力更大的马格南.276英寸（约7毫米）恩菲尔德子弹，因此会产生过多枪口焰和过大的后坐力，还加快了枪管的磨损，后来被威力较小的.303英寸口径（约7.7毫米）弹药所代替。

第一次世界大战爆发后，英军对枪支的需要变得更加急迫，新式弹药发展就变

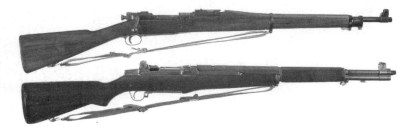

► 美军的两代主力步枪，斯普林菲尔德兵工厂生产的M1903步枪和国际收割机公司制造的M1加兰德步枪对比。

得不再那么迫切。此时英国已没有余力扩大李恩菲尔德步枪的生产，因此英国政府1915年下令从美国承包商那里定购步枪。由于P13步枪特别适合进行快速大批量生产，因此英国政府向美国承包商定购的就是这种步枪，但改进成使用标准.303英寸（约7.7毫米）英式弹药的型号，被称之为P14步枪。这种步枪由三个美国工厂进行生产，分别是雷明顿，温彻斯特和埃迪斯通（雷明顿的子公司）。

1917年美国卷入了第一次世界大战，军队立即感受到步枪数量的短缺，美国的兵工厂同样不能立即生产出足够的M1903步枪美国部队使用，因为截至到1917年，斯普林菲尔德M1903步枪仅生产了84万

支。由于.303英寸口径的P14步枪已经在美国生产，因此美国政府决定采用这种步枪，但改为使用美式.30英寸（约7.62毫米）口径子弹，这一结果就是催生了M1917步枪。在1917年—1918年间由生产P14步枪的三个工厂进行生产，共制造了超过220万支M1917步枪交给美国陆军，结果是在欧洲的美国远征军超过75%的部队装备的是M1917步枪，因为该步枪生产成本仅为30美元，且生产速度要远超工艺复杂的M1903步枪。

在1918年1月—3月，海军部要求陆军军械局交付1000枝M1917步枪供海军陆战队使用，这些M1917步枪采用M1903步枪同样的弹药和弹夹。军械局回信表示，

▲ 硫磺岛战役期间，一名海军陆战队员坐在日军丢弃的弹药箱上，使用M1半自动步枪以一种怪异的姿势进行精确射击，注意其腰带上携带的战壕刀。

海军部可以从他们的库存中调出1000枝M1917步枪给海军陆战队。根据1918年4月18日军械局长给海军陆战队信函，截至1918年1月2日，由温彻斯特制造的约70万支步枪已经被决定留在国内用于训练。一战结束后，美国陆军官员决定保留斯普林菲尔德M1903步枪作为制式步枪，许多M1917步枪被当作剩余物资出售或保存在库房里。在第二次世界大战初期，部分M1917步枪被运到了英国，被发放给了国民自卫军。为了区分与非常相似的.303英寸口径的P14步枪，英国配发的.30英寸口径M1917步枪枪托被绘上了红色条纹。此外，部分M1917步枪也被交给其他盟国部队，剩余的则供美军使用。

M1加兰德半自动步枪

在第二次世界大战全面爆发前，虽然美国陆军将要完全装备的M1加兰德半自动步枪看起来似乎很好，但海军陆战队仍然没有下定决心完全淘汰M1903斯普林菲尔德步枪。大量的海军陆战队军官认为，如果非采用一种半自动步枪，那么约翰逊步枪应该被给予认真考虑，因为设计者约翰逊是一名海军陆战队后备军官。1940年11月12日，一个由M1903斯普林菲尔德步枪、M1加兰德步枪、约翰逊步枪和温彻斯特步枪参与的1000码射程精度测试开始进行，测试结论是M1903步枪作为标准部署是最理想的，在半自动步枪中M1加兰德步枪最好。约翰逊步枪有着一个重要的缺点—由140个零部件组成，几乎是M1加兰德步枪71个零部件的两倍。此外，斯普林菲尔德步枪还有重量方面的优势，其重量仅为8磅，而其他所有的半自动步枪的重量都介于9—10磅间。

1940年11月18日开始，一系列其他测试持续了四周，共进行了37项独立测试，其中每支步枪进行了12000发射击测试。在步枪完成各种其他野战和暴力使用试验后，还重复进行了精度测试。测试结果表明，当枪膛、弹药被弄脏时或使用锈蚀弹

▲M1加兰德步枪分解图。

▲ 加兰德步枪是公认二战中最好的步枪，1936年1月
9日定型，是二战美军主力步枪。

▲ 陆战队员端着上好刺刀的步枪靠近敌人，每名队员都在M1923弹药腰带上挂着两个水壶，注意棉弹药带上携带装
满M1步枪弹夹的额外弹药袋。中间陆战队员携带着两个一战的1918年水壶，可以通过金属壶盖很容易识别出来。照
片前景是一挺已经装好子弹准备战斗的一挺M1919A4轻机枪。这张照片可能摄于埃尼威托克岛(Eniewetok，西太平
洋马绍尔群岛西北端的珊瑚岛，气候湿热)，这也就解释了为什么陆战队员带着两个水壶。

药时，M1903步枪明显要比半自动设计步枪运转得更好。此外在环境适应性测试中，M1903步枪都优于半自动步枪，因为在某些条件下为半自动步枪良好运作必须进行不同程度的清理或润滑。测试还通过破损、修理或更换零部件情况进行了耐用性测试。

经过广泛的评估，海军陆战队测试委员会得出结论，半自动步枪在一定时间段内可以提供更快的射速及更高的打击能力，而由此导致的射击疲劳较少。另一方面，在不利的条件下，M1903斯普林菲尔德更加可靠，不过M1加兰德步枪是可以使用的最令人满意的半自动步枪。由于海军陆战队拥有步枪射手的名声，因此海军陆战队虽然没有立即采用M1加兰德步枪，但这个积极的评价减小了部队对M1加兰德步枪的非难。1940年，海军陆战队正式采用M1加兰德步枪，不幸的是直到1943年陆军也没有获得足够数量的M1步枪来装备大部分前线士兵，完全装备海军陆战队显然需要更长的时间，第2突击营是第一支接收M1半自动步枪作为标准制式武器的海军陆战队部队。

▲ 约翰逊M1941半自动步枪多角度组图。

约翰逊M1941半自动步枪

海军陆战队预备役上尉梅尔文·约翰逊（Melvin C.Johnson）在斯普林菲尔德兵工厂服役期间，有机会接触到M1加兰德步枪和佩德森步枪，1935年他开始设计自己的武器，1937年9月28日，他获得了一个生产自己步枪的专利，在康涅狄格州

▲ 除了步枪，还有少量约翰逊M1941轻机枪在二战期间给了美国陆军和海军陆战队使用。这张照片是两名陆战队员和约翰逊M1941轻机枪在所罗门群岛一个基地的留影。

▲ 约翰逊M1941半自动步枪，带有配套的刺刀和刀鞘，约翰逊M1941刺刀是根据陆军军械委员会要求而设计的配套刺刀。

◀ 约翰逊M1941刺刀是专为配用约翰逊M1941步枪而研制的刺刀，海军陆战队曾用标准的M1905刺刀进行过测试，但由于约翰逊步枪的枪管后座而发生故障，在使用中海军陆战队员发现约翰逊刺刀基本很少被使用。约翰逊刺刀全长298毫米，刃长197毫米，枪口环直径14.5毫米。

马林轻武器公司（Marlin Firearms）的帮助下开始生产这种步枪供陆军在阿伯丁试验场进行试验。通过试验陆军发现约翰逊步枪制作精良，但同时也发现该枪过长、过重，且无法安装刺刀。为了纠正这一问题，约翰逊用有200年历史的老式钉式刺刀来解决。约翰逊步枪虽然在1940年的对比测试中没有获胜，但海军陆战队对约翰逊半自动步枪发生了兴趣。珍珠港事件后，美军装备的M1步枪数量严重不足，并被优先配发陆军，因此海军陆战队步枪不足的问题更加严重，约翰逊步枪受到了海军陆战队的青睐。

约翰逊步枪使用了军用步枪中少见的枪管后坐式自动方式，采用枪机回转式闭锁，射击方式为半自动，拥有弧形表尺，发射M1906斯普林菲尔德0.30-06步枪弹（7.62×63毫米步枪弹）。其工作原理是其枪管在子弹击发后因后座力而后退，再应用这个能量来完成开锁、退壳、闭锁及上膛的动作。约翰逊步枪的弹仓比较独特，由10发鼓形弹仓供弹，弹仓呈半圆形，容弹量10发。枪管的后半截有套筒，套筒上布满了圆孔，拉机柄在枪的右侧，其枪弹亦由枪的右侧装入弹仓。约翰逊步枪的枪管可轻易拆解，具有质量轻、枪管容易拆卸、携行方便等特点，但也存在整个设计不够坚固耐用，容易损坏的缺点。

在参与定型竞争失败后不久，流亡的荷兰政府为其海军和东印度部队定购了7万支约翰逊步枪，很快工厂就开始根据该定单进行生产，但日本人在交货前就占领了东印度，荷兰人不再拥有大面积的殖民地需要保卫，定单被取消，海军陆战队伞兵部队后来购买了根据该定单生产的M1941约翰逊步枪。所罗门群岛战役是约翰逊步枪首次参加实战，此后随海军陆战队参加了太平洋战场的战斗。随着M1步枪生产步入正轨，海军陆战队就不再采购约翰逊步枪。在二战期间，除美国海军陆战队外，包括第一特种旅在内的美军特种部队也使用了约翰逊步枪。约翰逊步枪的另一个用户是智利骑兵部队，于1943年定购了1000支步枪。从1941至1944年，约翰逊步枪据信总共生产了3万支整枪，还有7万支的部分零部件（没有机匣）。

卡宾枪及冲锋枪
Carbines and Submachine guns

1941年，海军陆战队采用了M1卡宾枪，但与M1步枪的情况类似，直到1943年才大规模使用。在战斗中海军陆战队员发现虽然在射程、穿透力和杀伤力方面M1卡宾枪要弱于M1903和M1步枪，但作为近距离自卫武器设计来说这种武器相当好。1942年步兵团编制中仅批准有17支M1911A1手枪，装备给特定的军官，但批准装备943支M1卡宾枪，由军官、武器组成员、通讯兵、总部人员和其他人员用于自卫。1944年M1卡宾枪更加普及，但由于其威力较弱，步兵指挥官和其他人员经常使用M1步枪或汤姆逊冲锋枪来取代卡宾枪。

二十世纪二十年代早期，陆战队就使用了11.43毫米的汤姆逊冲锋枪，包括M1921型和M1928型。在战前和战争初期，汤姆逊冲锋枪生产并优先装备美国陆军和英军，这导致海军陆战队四处寻找可用的冲锋枪，结果是1942年采用了莱辛M50和M55冲锋枪。在太平洋岛屿，莱辛冲锋枪被证明非常容易堵塞，特别是在多沙地区，容易生锈，非常不适合太平洋岛屿环境，但这一问题是由于制造枪械使用的金属材料低劣和生产时公差过大所造成的。1943年末，莱辛冲锋枪被从陆战队一线作战部队撤回，但仍由海军基地警卫和舰船分队使用。在1943年师编制中，仅批准有78支11.43毫米M1或M1A1冲锋枪，尽管沉重而且更加昂贵，M1928A1冲锋枪仍被保留继续使用。在步兵排编制中虽然没有编制冲锋枪，但所有型号的汤姆逊冲锋枪都能被发现使用，尤其是会被作为步兵指挥官替代卡宾枪的一种选择。在战时最后几个月，M3冲锋枪才开始出现，当时意在取代汤姆逊冲锋

▲ 第4陆战师在硫磺岛的一张纪念照，在这些陆战队员中，有两名队员在他们的M1卡宾枪托上装了两个双联装卡宾枪弹匣袋，枪托上标准是一个弹匣袋，卡宾枪上装两个弹匣袋非常罕见。由于硫磺岛天气经常白天炽热，而晚上和清晨又很凉，许多队员在他们HBT M1941上衣外面穿着M1941野战夹克。在这张图片上我们还能观察到陆战队员一些有趣的武器，有标准的M1卡宾枪配M8榴弹发射器（第二排左数第二名士兵，金属汤匙插在上衣口袋里），还有BAR（第二排中间），这名射手已经将BAR的两脚架拆除了，并且用皮质背带直接挂到了导气管上，前排还有一名陆战队员装备着霰弹枪，这种武器对于狭窄的地下隧道来说便捷性让人怀疑，因此持这种武器进入地下隧道可是大胆的举动。

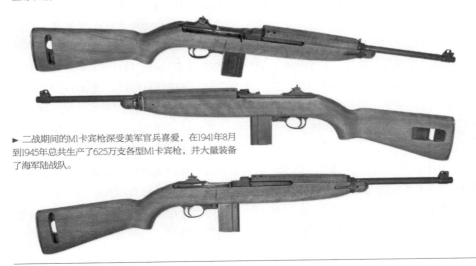

► 二战期间的M1卡宾枪深受美军官兵喜爱，在1941年8月到1945年总共生产了625万支各型M1卡宾枪，并大量装备了海军陆战队。

枪，战争结束前陆战队接收的数量很少。这种冲锋枪奇怪的外表并不太让人满意，但后来发现它和更重、更复杂的汤姆逊冲锋枪一样可靠。

M1半自动卡宾枪

海军陆战队总是热衷训练其每名队员成为一名步枪射手，无论他是什么军事专业。在二战期间，M1卡宾枪在陆战师中分布相当广泛。根据1944年5月的F-100编制表，批准一个陆战师拥有17465人，允许装备10953支M1卡宾枪，与此相比较的是，仅批准装备5436支M1加兰德步枪，虽然需要知道的是美国海军陆战队师的编制比陆军师大25%，但这种装备反差也足够惊人。

汤姆逊系列冲锋枪

陆军和海军陆战队在二十世纪20年代早期测试过汤姆逊M1921冲锋枪，但

▲ 陆军1943年开始着手开发M1卡宾枪专用刺刀，在试制了几种型号后，1944年5月正式采用了试制型T8刺刀，定型为M4刺刀，成为M1卡宾枪的制式刺刀，于1944年10月下旬开始生产，但在二战时期的行动中很少能看到M1卡宾枪配备这种刺刀。

两个军种最初对这种枪械都不太感兴趣，不过海军陆战队在1926年至1928年间购买了671支柯尔特公司制造的汤姆逊冲锋枪，而海军则决定采用经过部分改进后的M1928汤姆逊冲锋枪，降低了射速，从800发/分降低到600发/分，并增加一个枪口补偿器。

新型的M1928汤姆逊冲锋枪既可以采用20发弹匣供弹，也可以采用弹鼓供弹。美国陆军于1932年也少量采购了汤姆逊冲锋枪，后来在1938年采用汤姆逊M1928

▲ M1卡宾枪分解图。

◄ 1945年冲绳岛，第1陆战师战士正在使用汤姆逊冲锋枪向日军射击，在他左髋部携带着可以装五个20发汤姆逊冲锋枪弹匣的弹匣袋，后来采用的30发长弹匣后也可以装在同样的弹匣袋内携带。由于新弹匣更长，弹匣袋盖就不能用按扣扣合，海军陆战队就延长了弹匣袋然后用按扣扣合，这样保持弹匣更方便和安全，并可以防止弹匣掉落。

◄ 柯尔特公司约1921-22年生产的汤姆逊M1921冲锋枪，配带有汤姆逊自动武器公司标记的50发弹鼓。

► 汤姆逊M1928A1冲锋枪，机匣与握把底座均采用铝制，并部分采用塑料件，实现了轻型化并便于生产。

冲锋枪并定型为M1928A1。在国内保护邮政运输的过程中，汤姆逊冲锋枪在海军陆战队员中被证明是一种非常受欢迎的武器，后来被海军陆战队用于尼加拉瓜冲突、南美和加勒比地区。由于M1928型不仅体积与重量大，而且过于昂贵，后来又推出了M1928型汤姆逊冲锋枪的简化型M1和M1A1冲锋枪，海军陆战队也采用了这两种型号的汤姆逊冲锋枪。

在这里需要说一些题外话，在汤姆逊冲锋枪诞生之初，具备容易购买、火力猛和尺寸短，容易被隐藏在风衣下等特征。时值美国大萧条时期，黑帮横行，由于在美国枪支容易获得，因此汤姆逊冲锋枪大量被美国黑帮使用，尤其是活跃在美国中西部地区的芝

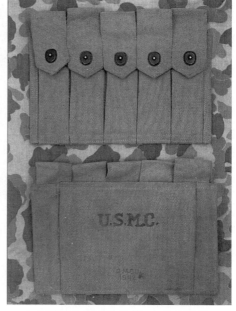

▲ 汤姆逊M1A1冲锋枪分解图。

▲ 一个五联装汤姆逊冲锋枪弹匣袋，设计用来携带5个20发45英寸子弹弹匣，可以通过后面的腰带环穿过手枪腰带携带。为了固定弹匣袋防止在腰带上滑动，M1941挂带后带挂钩可以穿过弹匣袋两边的孔眼，然后将其保持在一个固定位置。战争后期，出现了30发汤姆逊冲锋枪弹匣，采用了同样的弹匣袋进行携带，但原有弹匣袋不够深，而且袋盖也并不足以盖住更长的弹匣，因此将原来的弹匣袋进行了延长。

◄ 汤姆逊M1A1冲锋枪是在M1型基础上进一步改进型号，1942年10月定型。

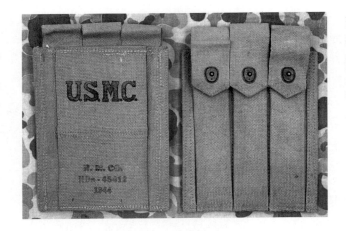

▲海军陆战队30发冲锋枪弹匣袋，设计用来携带和固定三个30发弹匣，这也解释了为什么多数这种弹匣袋是原始、崭新和未配发的原因，虽然尚未看到海军陆战队在战时作战或训练中使用过任何一种这种弹匣袋，但确实是在战时制造的。

加哥黑帮最爱使用。在一系列黑帮火拼的新闻中，汤姆逊冲锋枪臭名远扬，又因其射击时的枪声类似打字机的节奏，因此"芝加哥打字机"（Chicago Typewriter）的别名不胫而走，此外还有诸如"芝加哥小提琴"（Chicago Violin）、"芝加哥钢琴"（Chicago Piano）这样的绰号。

莱辛系列冲锋枪

莱辛冲锋枪由美国枪械设计师尤金·莱辛（Eugene Reising 1884-1967）设计，莱辛曾参与了柯尔特M1911手枪的研制，后来他自行设计了一些商业步枪和手枪。他个人拥有超过60项关于轻武器设计的专利，随着欧洲战争危险的临近，1938年莱辛设计了唯一以他名字命名的莱辛冲锋枪，并于1940年获得设计专利，由位于马萨诸塞州伍斯特的哈林顿理查森武器公司(Harrington & Richardson Arms，缩写H&R）生产。共有M50型冲锋枪、折叠枪托的M55型冲锋枪和半自动

的M60型卡宾枪三种型号，这些冲锋枪在二战初期被美国海军、海军陆战队和海岸警卫队有限采用，后来部分冲锋枪还作为援助物资运给加拿大、苏联和其他抵抗组织反抗轴心国使用。

1941年3月，哈林顿理查森武器公司开始生产固定枪托的M50冲锋枪；几个月后又开始生产带有手枪式握把和一个金属丝折叠枪托的M55型，M55型取消了枪口补偿器，枪托比较脆弱；M60型与M50型相似，具有木质枪托，但仅能半自动射击，且枪管上不带有散热片以及枪口补偿器。哈林顿理查森武器公司生产莱辛冲锋枪供警察和军用，M60型则仅供警卫使用。在日本偷袭珍珠港后，美军对自动武器的需求突然变得十分急迫，当时莱辛冲锋枪的唯一竞争对手就是汤姆逊M1928A1冲锋枪，由于莱辛冲锋枪更容易制造，美国海军和海军陆战队迅速采用了这种武器作为一种有限标准武器。

美国陆军1941年11月第一次在本宁堡

▲ 早期生产的莱辛M50冲锋枪，配20发弹匣，也称为"商业型"或"警察型"。

▲ 序号S5539的莱辛M50冲锋枪，有别于商业型，这种型号也称为"军用型"。

▲ 配备折叠枪托的莱辛M55型冲锋枪，全重2.8公斤，全长959毫米，折叠状态787毫米，口径11.43毫米，枪口初速280米/秒，射速500发/分，采用20发弹匣供弹。

▲ 莱辛M60型卡宾枪，这种型号仅能进行半自动射击，海军陆战队使这种步枪承担警卫职责。

测试了莱辛冲锋枪，1942年又在阿伯丁试验场进行了第二次测试，由于其设计复杂且难以维护，因此陆军决定不采用莱辛冲锋枪。而由于汤姆逊冲锋枪供应不足，海军和海军陆战队则决定采用莱辛冲锋枪，因为莱辛冲锋枪比汤姆逊冲锋枪有一些优势，如成本仅为62美元（汤姆逊冲锋枪为200美元），重量仅为7磅（汤姆逊冲锋枪为11磅），是当时世界最轻的冲锋枪，还具备紧凑精准的优点。

海军陆战队在1940年采用了莱辛冲锋枪，当时规定每个师装备4200支，每个步兵团装备约500支。许多莱辛冲锋枪最初仅配发给海军陆战队军官和军士，以替代还没正式全面换装海军陆战队的M1半自动卡宾枪。虽然当时海军陆战队也能选用汤姆逊冲锋枪，但对于丛林巡逻这样的任务来说，汤姆逊冲锋枪显然太过笨重，而且汤姆逊冲锋枪的产量也一直是制约其广泛应用的重要因素。1942年8月7日，莱辛冲锋枪随第1陆战师登陆瓜达尔卡纳尔岛，参加了太平洋战场的第一次重大行动。实战证明这种武器设计不良，故障率太高，表现并不能令人满意，由于起初被设计为警用武器，因此莱辛冲锋枪在作为军用武器应用到野战条件就很容易发生故障。海军陆战队员很快就拒绝使用这种武器，用莱辛冲锋枪交换他们能获得的任何其他武器。在二战期间，军方总共采购了约10万支莱辛冲锋枪，在战场反映这种武器无法接受后，这种冲锋枪就被其他武器取代了。

狙击步枪
Sniper rifle

在相当长的一段时间里，美国海军陆战队员都是美国军队中最精通步枪设计的战士，其起源肯定是受到美国独立战争期间的"夏普射手"影响，而后才是负责新兵训练的一众海军陆战队军士，这群凶神恶煞，嗓门分贝数接近大喇叭的军士也是斯普林费尔德M1903步枪的忠实拥趸者。从现代军事理念来看，在上世纪七十年代海军陆战队狙击手学校正式成立前，在海军陆战队一线部队使用狙击步枪的士兵应该被称之为"精确射手"（Designated marksman），而非"狙击手"（Sniper）。

在讲解二战美国海军陆战队装备的狙击步枪前，我们有必要首先了解精确射手和狙击手的大致区别。首先，精确射手一般会被配备到班一级的作战编制中，承担精确火力支援的任务；而现代狙击手通常则是独立作战，或被当作特种部队分队级的精确火力支援任务；其次，精确射手使用的武器一般是由标准制式步枪改造的，

甚至可能是通过直接加装瞄准镜而成的，而狙击手使用的武器一般是专门设计开发的；最后是任务不同，精确射手一般执行的步兵支援任务，属战术层级，而狙击手执行的任务通常是战略层级，但也可以执行战术任务。从以上三点，可以看出精确射手与狙击手之间的巨大差别。

上世纪70年代末期，美国海军陆战队正式成立了狙击手训练学校，开始培训现代军事概念上的狙击手，时至今日，出身海军陆战队的狙击手已经成为了战场上不可忽视的力量，其中尤以出身海军陆战队强力侦搜连（U.S.M.C Force Recon）的狙击手最为出色。

M1903狙击步枪

在美国陆军，作为第一种制式配发的狙击步枪是安装华纳&斯韦齐（Warner&Swasey）M1908型"步枪瞄准镜"的M1903步枪。在一战前，华纳&斯韦齐M1908瞄准镜被其微小改进型

▲ 安装温彻斯特A5瞄准镜和曼-尼德纳镜座的M1903步枪。

▲ 这是唯一一张来自美国远征军海军陆战队狙击手的照片，其步枪上装备着最初的温彻斯特A5瞄准镜和曼-尼德纳镜座。

M1913型取代了，1913年–1918年陆军军械局共定购了5730个华纳&斯韦齐M1913瞄准镜。1915年–1919年，总计3014个华纳&斯韦齐M1913瞄准镜安装到了M1903步枪上，装备M1913瞄准镜的M1903步枪成为一战美国陆军的主要狙击步枪。一战结束后，这些狙击步枪约99%被彻底检修，华纳&斯韦齐瞄准镜和镜座被拆除，步枪恢复常规服役状态。海军陆战队并没有采用华纳&斯韦齐瞄准镜，而是为M1903步枪装备了温彻斯特A5瞄准镜。

1909年海军陆战队获得安装有M1908瞄准镜的M1903步枪后，他们重新评估了狙击步枪。温彻斯特A5步枪瞄准镜于1910年进入市场，海军陆战队获得这种瞄准镜后将其用于射击比赛，因此在一战中使用的数量非常的有限。由于这种瞄准镜是纯粹的民用型号，因此不得不通过专门设计和制造的瞄准镜座来安装。海军陆战队使用的镜座被命名为"曼–尼德纳"型，（Mann-Niedner），这来自于镜座两名设计者的名字。

海军陆战队1916年签订合同，将镜座安装在步枪上。50支M1903步枪的安装工作于1917年完成，后续的转换工作则在海军陆战队费城仓库完成。根据海军陆战

▲ 温彻斯特A5瞄准镜和曼–尼德纳镜座的M1903步枪局部特写。

▲ 温彻斯特A5瞄准镜局部，其放大倍率为5倍。

▲ 温彻斯特A5瞄准镜上的印记，专利日期1909年2月9日印在镜体的一侧。

队司令部军需军官的公文记载，温彻斯特提供瞄准镜座和瞄准镜安装服务500个，每个成本是4美元，加上早期的150个镜座，总计安装了650个镜座，据信军方还签订了额外的250个镜座合同，但在1940年的清单中只找到了237个，还有13个因为其他原因损失了。海军陆战队最后到底拥有多少配有这种镜座的狙击步枪目前仍存在广泛的争议，但应该不少于900支。海军陆战队装备配有温彻斯特A5瞄准镜的M1903步枪的照片相当罕见，反映其使用情况的装备清单至少至今也没有发现。

M1941狙击步枪

太平洋战争之前，海军陆战队在寻求狙击步枪上与陆军面临同样的问题，而且陆战队奉行着追求高水平射击能力的政策，因此海军陆战队拥有自己设计的基于斯普林菲尔德步枪的狙击步枪。1942年，海军陆战队将军用版本的翁厄特尔（Unertl）8倍瞄准镜安装到斯普林菲尔德M1903A1国家比赛步枪上，这就是"海军陆战队M1941狙击步枪"，在太平洋战场进行了广泛使用。

M1903A4狙击步枪

太平洋战争爆发前，由于没有狙击手和专门的狙击步枪，因此美军开始慎重考虑其狙击战术，并需要一种合适的步枪来承担狙击任务。当时唯一合理的解决方案

▶ M1941狙击步枪。

▲ 储存狙击步枪8倍瞄准镜的胶纸板瞄准镜盒。

▲ 雷明顿武器公司生产的M1903A4狙击步枪，配有韦弗M73B-1瞄准镜。

► 标准的韦弗M73B-1瞄准镜，上面带有军用标记，包括序号和型号。

是采用斯普林菲尔德M1903步枪来进行改装，当时美军大量装备了这种步枪，而且其精度尚可。在进一步的测试中，美军发现M1903步枪具备改装成狙击步枪的潜力，因此这个方案的可行性较高而且成本更低。

　　1943年末军械局开始测试瞄准镜，最后决定采购一定数量的2.5倍韦弗（Weaver）330-C瞄准镜（不久更名为M73B-1）。同时，一些枪管公差在0.001英寸以内的高精度M1903步枪被仔细挑选出来，然后安装雷德菲尔德·朱尼尔（Redfield Junior）商业瞄准镜座及瞄准镜，这种改装后的武器被定型为M1903A4狙击步枪。由于海军陆战队之前采用的M1941狙击步枪的瞄准镜为非制式装备，存在战场维修的问题，因此海军陆战队军械部门也采购了安装韦弗M73B-1瞄准镜的M1903A4狙击步枪。

温彻斯特M70狙击步枪

　　早在1936年，温彻斯特公司就设计出了商业化的M70栓动式步枪。1942年11月12日，当时两名海军陆战队装备委员会成员乔治·范·奥顿（George Van Orden）和加尔文·劳埃德（Calvin Lloyd）提交了一篇72页的《美国狙击手装备》的官方报告，讲述了当时各种能够采用的各种型号步枪和瞄准镜。在这份报告中的结论中，指出海军陆战队狙击手使用的最好狙击步枪组合是温彻斯特M70步枪搭配翁厄特尔公司生产的8倍光学瞄准镜。不过军方担心这种步枪并不结实。随后一支采用.30-06口径24英寸重型枪管的

◀ 配有翁厄特尔光学瞄准镜的温彻斯特M70步枪，复制自海军陆战队的一名著名狙击手。

步枪由装备委员会进行了测试，瞄准镜是商业化生产的翁厄特尔8倍瞄准镜。

1942年5月海军陆战队定购了373支配有翁厄特尔光学瞄准镜的温彻斯特M70步枪进行测试，虽然后来海军陆战队决定不采用M70步枪，转而改装M1903A4步枪作为狙击步枪使用，但根据报告，在太平洋战场的初期作战中，美军确实少量使用过这种狙击步枪。在二战期间，美军陆军也获得了少量M70步枪，但后继使用情况鲜为人知，或许根本就没有投入使用。

自动步枪、轻机枪及通用机枪
Automatic rifles, light machine guns and machine gun

在二战中，单兵使用的自动武器（特指全自动射击方式）数量相对较少，且一般都被当作班组支援火力来使用，因此也就有了设计名为自动步枪的轻武器，最后却成为了班用轻机枪的例子。此外，需要注意的是，在二战爆发初期，海军陆战队也曾使用过在一战中的老装备，其原因在于当时的美国政府奉行"光荣的孤立"政策，对更新军队的装备无动于衷，甚至对即将到来的战争威胁也假装看不到。

由于美军向来崇尚火力，因此极为热衷于为步兵的基层单位配置机枪这样的步兵压制火力，一个比较特殊的例子是勃朗宁M1919机枪，起初这种机枪是作为一种气冷式通用机枪被设计的，目的是为步兵连排级单位提供持续火力支援，但在海军陆战队参与的太平洋战场上，这种机枪被当作轻机枪使用的例子却屡见不鲜，尤其是在后期的登陆作战中就更加常见，著名迷你电视剧集《太平洋》中，就有类似的例子出现。

刘易斯轻机枪

刘易斯机枪最初由塞缪尔·麦克莱恩设计，后为由美军军官伊萨克·刘易斯进行了改进，1912年美国陆军军械局进行了测试，但拒绝采用。刘易斯后来辞职带着样枪到欧洲推销，.303英寸口径的刘易斯轻机枪被比利时军方列为制式装备，1914年英国伯明翰轻武器公司买下了刘易斯机枪在英国本土的生产许可，并于1914年开始生产。1914年9月，刘易斯机枪最先装备英国和法国的军用飞机，1915年10月15日，步兵用刘易斯机枪才被英国陆军正式采用。一战期间，由于英国伯明翰轻武器公司生产能力有限，美国萨维奇武器公司也加入了这种机枪的生产。美英两国生产的刘易斯轻机枪弹药并不能通用，这是由于英国生产的采用了.303英寸口径，而美国萨维奇武器公司大部分为.30英寸口径。

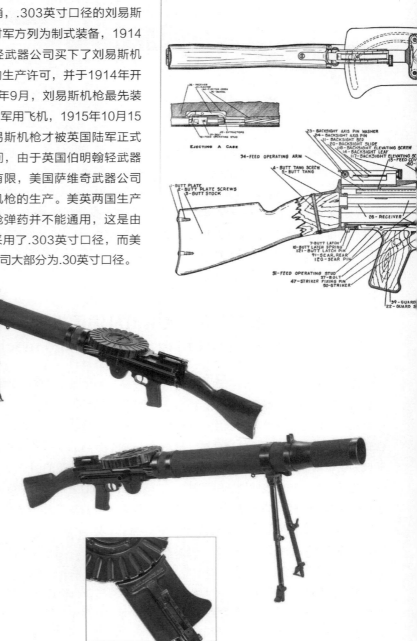

► .303英寸口径刘易斯机枪，由美国纽约州尤蒂卡的萨维奇武器公司生产。

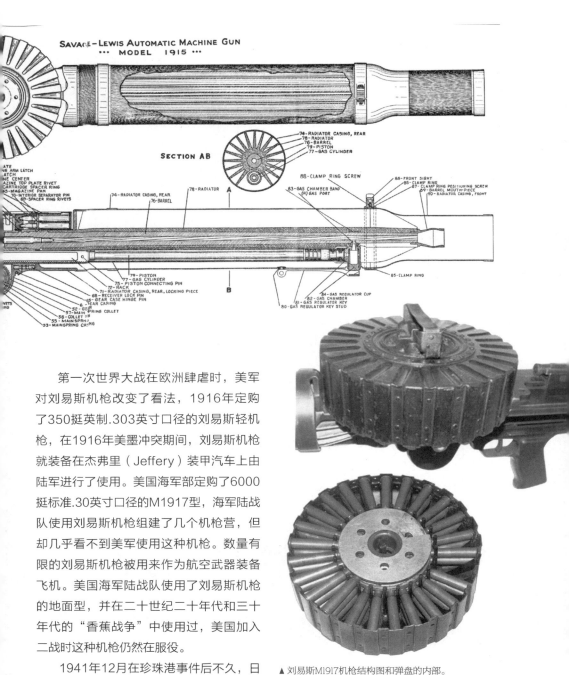

SAVAGE-LEWIS AUTOMATIC MACHINE GUN
··· MODEL 1915 ···

SECTION AB

74-RADIATOR CASING, REAR
78-RADIATOR
76-BARREL
79-PISTON
77-GAS CYLINDER

88-CLAMP RING SCREW
66-FRONT SIGHT
85-CLAMP RING
87-CLAMP RING POSITIONING SCREW
89-BARREL MOUTH-PIECE
90-RADIATOR CASING, FRONT

83-GAS CHAMBER BAND
84 GAS PORT

74-RADIATOR CASING, REAR
76-BARREL
78-RADIATOR

79-PISTON
75-GAS CYLINDER
75-PISTON CONNECTING PIN
72-RACK
71-RADIATOR CASING, REAR, LOCKING PIECE
68-RECEIVER LOCK PIN
67-GEAR CASE HINGE PIN
GEAR CASE COVER
52-GEAR
57-MAINSPRING COLLET
56-COLLET PIN
55-MAINSPRING
53-MAINSPRING CASING

85-CLAMP RING

54-GAS REGULATOR CUP
82-GAS CHAMBER
81-GAS REGULATOR KEY
80-GAS REGULATOR KEY STUD

第一次世界大战在欧洲肆虐时，美军对刘易斯机枪改变了看法，1916年定购了350挺英制.303英寸口径的刘易斯轻机枪，在1916年美墨冲突期间，刘易斯机枪就装备在杰弗里（Jeffery）装甲汽车上由陆军进行了使用。美国海军部定购了6000挺标准.30英寸口径的M1917型，海军陆战队使用刘易斯机枪组建了几个机枪营，但却几乎看不到美军使用这种机枪。数量有限的刘易斯机枪被用来作为航空武器装备飞机。美国海军陆战队使用了刘易斯机枪的地面型，并在二十世纪二十年代和三十年代的"香蕉战争"中使用过，美国加入二战时这种机枪仍然在服役。

1941年12月在珍珠港事件后不久，日

▲ 刘易斯M1917机枪结构图和弹盘的内部。

军入侵菲律宾，在菲律宾最后的美军力量是守卫马尼拉湾科雷吉多尔岛的海军陆战队，还有一些海岸炮兵和海军人员，他们最终于1942年5月投降。海军陆战队当时仍装备着英式的M1917钢盔，斯普林菲尔德M1903步枪以及刘易斯机枪。由于装备遭受了重大损失以及标准化的需要，刘易斯机枪被BAR取而代之，在1942年以后的战斗中就再也没有看到刘易斯机枪。

勃朗宁自动步枪BAR

在第一次世界大战中，实战证明勃朗宁自动步枪BAR是一种非常可靠的武器，尽管其装备的数量不多，但依旧获得了士兵的喜爱，因此在一战后，这种武器被保存到军械库中。整个一战期间，温彻斯特、柯尔特和马林罗克韦尔公司（Marlin Rockwell）共生产了勃朗宁自动步枪102174支。而在一战结束后，BAR多次进行改进，第一次重大改进结果是定型了M1922轻机枪，1937年的第二次改进定型为M1918A1型被美军采用，第三次于1938年开始，1939年定型为M1918A2型。

▲ 1945年在冲绳战役期间，陆战1师的陆战队员正在使用去掉了两脚架的M1918A2 BAR，枪口仍安装着消焰器，枪管上的提把于1944年12月21日采用，图中枪支提把也缺失了。

在战争期间，海军陆战队步兵班的组成及使用BAR的情况不断地发展演变。在1941年，一个9人制的陆战队步兵班只装备1支BAR，随后步兵班被扩展到13人制，编制没有变化。1943年4月，海军陆战队步兵班改为12人并配备2支BAR，但依然被证明火力不足。1944年5月，海军陆战队步兵班再次改组为13人制，但被划

◄ 展示的两脚架折叠状态的M1918A2 BAR，只能进行连发射击。

◀ 1942年10月10日，利福尼亚州圣迭戈埃利奥特兵营（Camp Elliot），BAR射手海军陆战队三等兵罗尹·劳什（Roy Roush），他先后参加了瓜达尔卡纳尔岛、塔拉瓦岛、塞班岛和提安尼岛的作战。这张照片摄于一个慵懒炎热的星期六下午，他想拍摄一张快照寄给家人。劳什穿着夏季常服衬衫和长裤，脚穿陆战靴，佩戴着一顶M1钢盔。他身上的装备是陆战队员在埃利奥特军营周围丘陵进行一天训练的典型装备：一条BAR弹匣腰袋由一副M1941挂带支撑，在他背部背着一个行军背包，注意缺少绑腿。

分为三个4人的火力组，每个火力组由一名下士代理组长（携带M1半自动步枪）、一名BAR射手（携带BAR自动步枪）、一名BAR助手（携带M1半自动步枪和BAR自动步枪额外弹药）和一名步枪手（携带M1半自动步枪）组成。

作为一种标准班用自动武器，勃郎宁自动步枪BAR采用20发弹匣供弹，根据两脚架安放位置不同有四种型号。海军陆战队使用最常见的型号是去掉两脚架的M1918型，以及两脚安装位置靠近枪口的M1918A2型，M1918和M1918A1 BAR在瓜岛战役中使用过，但后来大都被改造为A2标准型。此外，许多BAR在使用中被拆除了两脚架，以降低武器重量。

勃朗宁M1919 A4机枪

勃朗宁M1919系列机枪是一种7.62毫米口径的中型机枪，在二战中得到了广泛的使用。M1919A1具有轻型枪管和二脚架；M 1919A2则专为装备骑兵部队设计的轻量型，使用更短的枪管和和特制的三脚架，在一战和二战间隙曾短暂使用过；M1919A3则是M1919A2改进发展

▲ 在塔拉瓦战役中，陆战队员隐蔽在红3海滩海堤后面。一个M1919A4机枪组正在进行火力压制，以掩护海军陆战队向内陆推进。这些机枪手中两人装着M1912或M1936手枪腰带，这是机枪组成员的标准装备，允许佩戴者把他认为适合的个人装备佩挂在上面。左侧的两位陆战队员在腰带上装备着M1941P1水壶套。陆战队员周围是几个机枪的子弹箱，证明这挺机枪发射了大量弹药。

► 配备三脚架的勃朗宁M1919A4机枪，M1919A4口径7.62毫米，全长1041毫米，枪重14.05公斤，枪管长610毫米，枪管重3.33公斤，4条右旋膛线，初速853米/秒，有效射程2194.56米，理论射速500发/分，战斗射速120发/分，三脚架重6.35公斤。

型；M1919A4是M1919系列机枪数量最多和最为常见的一种型号，既可固定安装也可以机动或车载使用。M1919A4E-1是M1919A4的子型号，使用加大的拉机柄重新改装。

　　海军陆战队步兵营在二战期间拥有一个武器连，由各装备4挺机枪（每个排还有4挺备用机枪）的三个排和一个81毫米迫击炮排构成。1944年4月，海军陆战队进行重大重组，机枪排与步兵连武器排合并组成一个新的步兵连机枪排，新的步兵连机枪排由三个各有2班的分队组成，有6挺M1919A4机枪加上备用的6挺M1917A1机枪。需要特别注意的是，虽然M1919A4机枪一般会被安装在三脚架上使用，但在实际运用中，海军陆战队员通常会用更"粗暴"的方式来进行使用：佩戴石棉隔热手套，安装粗铁丝材质的简易自制提把，这样做的好处是可以在行进间也能获得持续压制火力，迷你剧集《太平洋》中就有类似场景的刻画。（未完待续）

▲《太平洋》的一组剧照，二战海军陆战队的几乎所有单兵武器都在这两张战片中出现了。

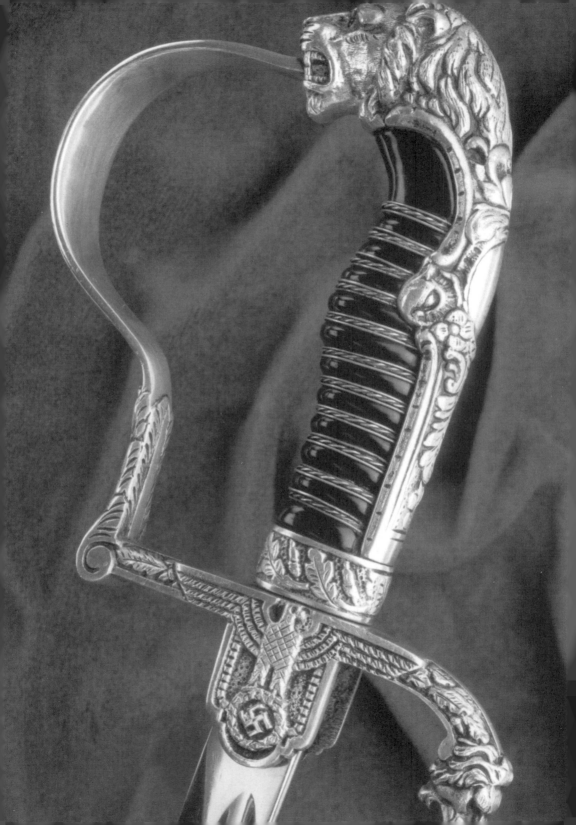

二战德国陆军
佩剑纵览
WWII GERMAN ARMY
SABRE OVERVIEW

作者/ 刚寒锋 吕幼军

"世界上只有两种力量——智慧与剑刃！但是二者较量的最后胜者往往是智慧。"

——拿破仑·波拿巴

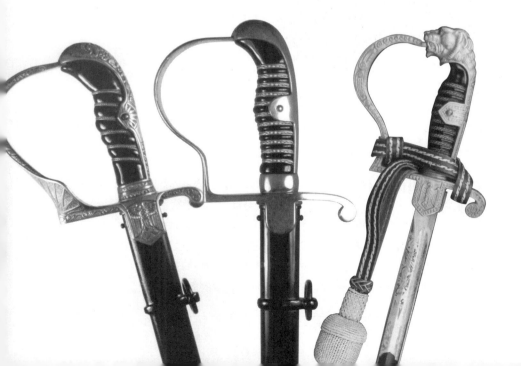

▶ 1935年5月5日，第7届帝国军人大会在柏林举行，参加庆典的多是德皇时期的近卫团老兵。照片中的旗手方阵手执德皇时期步兵团旗正在等待命令接受检阅，带队的军官手中均执有一把陆军军官马刀。1936年，这些旗帜又在纽伦堡的党代会上接受了希特勒的检阅。

索林根（Solingen）
——剑之城

当驱车进入莱茵－维斯特法利亚（Rhein-Westfalia）的索林根时，你就会置身于人称"鲁尔山谷"的地理环境中。这座城市的界碑用它特有

的纹章作为标记——两把交叉的剑和一只船锚。继续沿着被称为"剑之街"（Klingenstrasse）的大道向市中心前进，就可以到达索林根古城的心脏部位。早年这里是刀匠们向商人们兜售各种全新打制利剑的地方，这里还是那些技术精湛

▲ 位于索林根城市界碑上的纹章图案。

◀ 索林根城市纹章。

的技工们（例如十字护手和剑柄圆头的制造者）展现技艺的舞台，还有一些工匠专门为这些利剑制造各种配套的鞘具以完善整套剑品。来自其他城镇的商人们在这里就货品的数量讨价还价，而后委托工匠们为他们完成这些剑品的制造。"剑之街"是当初索林根城最为繁华的地方。

自中世纪以来，索林根就因其发达的制剑业而久负盛名。阿尔伯特·维耶尔博格（Albert Weyersberg）研究员自己就是一位索林根制剑名家的后裔，他在上世纪20年代发表的一篇题目为《索林根制剑业沿革》的随笔中写道："著名的索林根锻剑艺术拥有悠久的历史，它所使用的原材料完全是自然天成的。早年在索林根城及贝尔吉施山区（Berdisch Land）的春耕期间，散居各处的市民们先是来到田间地头，从那些被翻上来的石块中搜寻铁矿石，然后借助风力在熔炉中将它们熔化，最后打造成斧子、铲子和武器。"

这段文字中的"风力"和"熔炉"两词形象地向我们展示了索林根的刀匠较之其它地方的刀匠所拥有的得天独厚的工艺条件。"风力"实际上指的是风箱——这是一种将空气泵入火焰以助燃的发明。风箱在那个时候的欧洲还不为人所知，直到十字军东征运动过后，一些原本是铁匠、刀匠的十字军战士才认识到这种装置的潜在价值并将它带回了索林根。风箱的引入意味着锻剑时的火焰可以达到到更高的温度（不必刻意去浪费更多的燃料来提高温度），而且这个温度还能够为人所控，因此工匠们就可以得到大量的精制铁坯，从而打造出品质优异的剑品。

在后来的工业革命时期，整个鲁尔区开始发展成为工业区，虽然索林根仍以打

▲ 现今的索林根在房屋造型和布局等方面仍然保留着古老的传统。

造有刃武器和工农用具为其特色产业，但它也逐渐融入了这一新兴工业区。在索林根周边地区，钢铁工业开始得到快速的发展，鲁尔区新建了铁路，用以运进各种原材料并输出各种工业产品。逐步扩大的工业规模带来了大量的铁矿石需求，更大且炉温更高的熔炉也被一一建起——这些大家伙烧的可不是木头或是泥煤，而是从萨尔区用铁路运来的纯木炭。这一时期也被叫做"大发展时期"，但世事无常，到了19世纪末，索林根乃至整个鲁尔区创造的财富就都换了主人。进入20世纪，1914-1918年的第一次世界大战更是进一步改变

了整个欧洲的版图。

魏玛共和国时期的萧条

1914年，发生在奥匈帝国著名的"萨拉热窝事件"引发了第一次世界大战，铁血宰相俾斯麦建立的德意志第二帝国，乃至整个欧洲都卷入了这场持续数年的战争。旷日持久的交战使得双方都无法彻底击败对方，最后战争以德国独木难支，于1918年乞降而告结束。1919年6月28日，巴黎和会的与会成员签订了"凡尔赛条约"，德国被勒令向协约国一方支付战争赔偿，此后它就陷入了负债累累的境地。

雪上加霜的是，德国的武装力量被解散，部分领土也被割让给战胜国。退伍回家的军人们不仅面临着国家战败的凄凉局面，还要面对现实的生存问题。德意志第二帝国已然远去，但接替它的魏玛共和国却仍然在为生存而挣扎。

对索林根来说，就像其它许多工业城镇一样，魏玛共和国时期的岁月显得暗淡和萧条。很少有人来这里订购刀剑——数量仅剩10万、专门负责基本国防和内卫的正规军在这方面的需求更是大大降低，他们原本应该是最大的客户。由于当时国际经济形势的影响，国际刀剑市场也同样萎靡不振。在这样的双重打击下，一些小型的武器和刃具制造商（一般都在这个行业拥有二三百年的历史）均被迫停业或改换经营方向——为了生存他们不得不开始制造例如大小剪刀、园艺工具、指甲钳和理发用具等普通商品，那些曾经以此为傲的大企业则依靠积攒下的资本苟延残喘。对许多坚持下来的人来说，这段岁月简直就像炼狱一般。

第三帝国时期的重生机遇

魏玛共和国末期乌烟瘴气的政治局势显然与本文的主要内容格格不入，但是我们还是简要地介绍一下，因为它与索林根刀剑制造业的重生息息相关。在巴黎和会导致的一系列外忧内患中诞生并成功走向德国政治前台的希特勒及其纳粹党最终颠覆了魏玛共和国。1933年1月的"帝国党日"期间，经过民主选举上台的希特勒向

▲ 第三帝国国防军早期的长佩剑通常是指德意志第二帝国时期的长佩剑。这张照片中是一把德皇时期常见的M-89式步兵长剑（Imperial M-89 Infantry Degen），使用大马士革精钢打造。这把剑附有弓形护手，当时的各级官兵均可以佩带。注意其剑柄上做工精美的德意志第二帝国徽记和十字护手处镂空第二帝国鹰徽式的可折叠护手盘。

▲ 这是一张家庭照，照片中的军官身着附有衣领滚边的陆军常服，与他的夫人和孩子摆出一战时期家庭标准照的姿势。军官手中拿着一把第二帝国M-89式步兵长剑，他的儿子穿着"希特勒青年团"（HJ）制服，系着制式皮质腰带和武装带。

▲ 铸剑工厂车间里不同工序的工人们正在工作，第三帝国一把把精美的佩剑就是这样生产出来的。

德国国民许诺：将采取措施彻底扭转即将崩溃的国内经济，尤其是将重新扶植一些在一战后遭受致命打击传统产业。当然，此时这些承诺仅仅是一些美妙华丽的词藻而已，希特勒和他的政府现在必需要拿出实际的措施来兑现它们。不仅如此，希特勒已经开始着手建立一个新的帝国——第三帝国。

很快地，许多来自德国各地的团体为了同样的目的来到柏林——向中央政府索要政策来重建濒临崩溃的地方经济。索林根自然也不例外——1933年春天，一个来自索林根城的代表团在柏林帝国大厦得到了希特勒的接见，他们的主要目的就是向希特勒了解纳粹党下属各组织是否要为其制服配备佩剑。在元首同意为冲锋队成员配备短佩剑之后，他们满心欢喜地回到了索林根——这仅仅是索林根刀剑制造业重生的一个开端。

几个月以后，帝国政府取缔了"男童子军运动"，其成员都被强行吸收进"希特勒青年团"。每个"希特勒青年团"团员均要配发一把"希特勒青年团"旅行匕首（HJ Fahrtenmesser），其总需求量达到了450万把，数量可观的订单又被源源不断地交到了索林根工匠们的手上。这对索林根来说是非常重要的一件事情，它拯救了岌岌可危的刀剑制造业，刺激了人们在新型加工机械上的投资，而且为许多人提供了工作的机会，同时还为后来有益于索林根的更大变革铺平了道路。

佩剑的生产

在第一次世界大战结束后的一段时间里，佩剑的生产几乎处于停滞状态。在少得可怜的产品中，一些是根据某些国防军陆军和海军军官的需求个别定制的，一些是为诸如前部队成员兄弟会或自由共济会（德语中被通称为Verein）成员所打造的，还有一些是非常有限的海外订单。大战催生了一些新兴的民族国家，这些获得独立的国家都必须建立自己的武装力量，因此对国际刀剑市场来说，这是一个可以开拓的领域，但还算不上主要的领域。即便如此，索林根的刀剑业还是主要关注这些零星的国外市场，只是偶尔才把目光投

向国内。虽然帝国劳工组织（RAD）、德国航空体育协会（DLV）的成员们很快被授权可以佩戴佩剑，但是其产量仍处于下降趋势。

1935年3月16日，希特勒宣布将全面重建德国武装力量——德国国防军，这对于刀剑制造业来说是真正的春天来临。凡尔赛和约的桎梏被挣脱了，再没有对军队员额的限制，这意味着德国要重新武装自己，欧洲的版图也即将重组。

本文向大家介绍各种军用佩剑，它们是军人荣誉的象征。虽然现在军用佩剑只是作为军队庆典、军校生毕业典礼或大型阅兵仪式上不可或缺的装饰物，而且其应用范围也相当有限，但是在历史上它们却拥有着众多的角色。在德国，佩剑是一种集极高荣誉与悠久历史于一身的古老武器。美国词典编辑家韦伯斯特曾经赋予"sword"这个单词这样的意义：它是"一种附带长刃的武器，一般用于象征荣誉和权威。"

冶金工业的出现使得剑器制造业也迅速发展起来，它就像雨后春笋一样一夜之间就代替了原有石器时代的石斧等天然器械。虽然据考证最早的剑器始见于亚述人、高卢人和希腊人的历史记载中，但是中国也应是其中之一。

早在6世纪初，来自斯堪地纳维亚的维京人就开始制造剑器，其传统的设计一直延续了千年之久。随后中世纪的到来引发了剑器发展历史上第二次大变革时期——剑刃的长度被进一步加长，同时还在剑上

▲ 从不同角度向我们展示了铸剑厂中工艺师们在打磨加工佩剑过程中的细
节，每一道工序都体现了德国人对品质的高标准。

▶ 一把第三帝国军械部的长佩剑，其外形设计相对简洁。这种款式长佩剑
的设计风格来源于德国矿业组织所使用的佩剑。

加装了十字护手。

到了18世纪，随着火药时代的来临，佩剑从一种单兵武器逐渐转变成军人礼服的装饰物。出于这个原因，佩剑的重量急剧下降，其中的Saber类佩剑的"瘦身"最有代表性，实际上在当时的欧美地区，大约80%的佩剑均是如此。明显地，现在可见于收藏者手中的做工复杂而华丽的第三帝国时期佩剑均不是为了刺穿敌人的身体而打造的。虽然佩剑作为一种令人敬畏

武器的时代已经过去，但是它作为一种权威与地位象征的时代才刚刚来临，这也是阿道夫·希特勒所全力推崇的。

随着时间的推移，欧洲各地的手工业中心逐渐建立起来，其中有代表性的就是德国的索林根，那里的手工业十分繁盛。出产于索林根的各种刃器也被销售到欧洲各地，这个小城镇也逐渐成为了世界闻名的带刃武器产地，并得到了"剑之城"的雅号。

从索林根的资深工匠手中诞生了一些精美的手工佩剑。随着第三帝国的建立，希特勒将成吨带刃武器的生产任务分配给许多公司，以满足军队和政治组织的需要。纳粹德国国内大大小小的组织都配发有各种各样的带刃武器，佩剑更是毫无

▼ 这是一把产于卡尔·艾克霍恩公司的军械部标准制式马刀（Einheitssäbel）。这些长佩剑保留了陆军的一些传统特征，每一把上面均砸刻有军械机关检验标记（Waffenamt）、生产序列号及厂家代码。执剑时，佩带者须用自己的大拇指和食指勾住皮质的手指套扣（Fingerschlauf），照片中十字护手与弓形护手交界处），以防滑落。

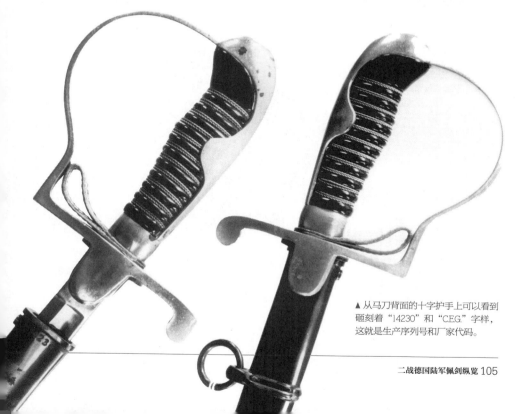

▲ 从马刀背面的十字护手上可以看到砸刻着"14230"和"CEG."字样，这就是生产序列号和厂家代码。

疑问地成为这些带刃武器中最主要的一部分。不管是谁——外交官、空军将军、邮政官员、海军军官，甚至是煤矿工人——都可以通过其制服佩剑来识别他的地位与所属组织。佩剑的制造工艺在这一时期得到了极大的提升，它们往往还附带有各种精巧的花纹、鲜艳的珐琅彩饰和各种金银质地甚至是钻石等贵重的装饰物。

在中世纪后的欧洲，佩戴佩剑这个传统已然过时。在与宗教有关的宣誓仪式上，人们需要将手按在剑刃上表示尊重诺言。撒克逊人、法兰克人、丹麦人和诺曼第人因此把宣誓仪式赋予了和平与忠诚。当探寻第三帝国的佩剑的设计思想时，可以明显地看到它们与中世纪的剑器的相关之处，例如德国空军佩剑的设计就与14世纪条顿骑士们的佩剑有很明显的相似之处。一些第三帝国早期短佩剑的设计思路也同样如此。第一批获得希特勒首肯佩戴短佩剑（Dagger）的人员均来自冲锋队，这些短佩剑则与16世纪瑞士短佩剑的设计如出一辙。

HÖRSTER

► 虽然E&F.霍斯特公司在第三帝国时期出产了无数的长短佩剑，但它却只选择长佩剑作为其广告宣传内容。这里就是一幅该公司当时常见的广告，图片中包括了空军、陆军和海军的长佩剑。

Blanke Waffen
Militär-Effekten
Säbel
Dolche

其它第三帝国早期佩剑的设计思想则直接脱胎于德意志第二帝国的佩剑，仅仅是对其前身做了很小的改变。其中纳粹海军的早期佩剑更是"没有创新"特色的主要代表，它们仅仅是去掉了第二帝国海军佩剑十字护手上的王冠图案。国防军海军佩剑稍有特色的一点是它们并不包含纳粹万字徽。大多数其它第三帝国的典型佩剑（包括陆军佩剑）的十字护手上均包含国防军鹰徽和万字徽。

佩剑和短佩剑的竞争之门已然打开，随着各种纳粹党下属政治组织的建立，各种特色的制服佩剑成为了各组织成员身份地位的象征。除了党卫队长佩剑之外，几乎所有其它组织的长佩剑均可以根据购买者的意愿进行定制。长佩剑可以在统一的带刃武器零售店或是通过索林根公司定期派往德国各地的销售人员进行订购。源源不断的订单使得索林根的武器加工公司很快变得十分忙碌，并且它们互相还在佩剑的设计上相互竞争，但是其设计方案却很少申请专利保护。

如果多付一些定金，订购者可以让制造者使用手工工艺用大马士革的精钢打造佩剑，也可以打造双面刻蚀有美丽花纹的蓝色或金色剑身的佩剑，许多长佩剑都是军人的家属或者其战友赠与他的礼物。

第三帝国的长佩剑按照外形特点分为

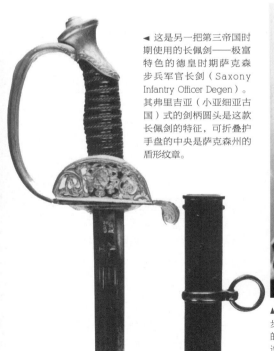

◀ 这是另一把第三帝国时期使用的长佩剑——极富特色的德皇时期萨克森步兵军官长剑（Saxony Infantry Officer Degen）。其弗里吉亚（小亚细亚古国）式的剑柄圆头是这款长佩剑的特征，可折叠护手盘的中央是萨克森州的盾形纹章。

▲ 照片中是一位陆军上士，他手执一把德皇时期萨克森步兵军官长剑。这把剑很可能是其家族前辈流传下来的，同时也证明了德皇时期的佩剑也在第三帝国仍被允许佩带。

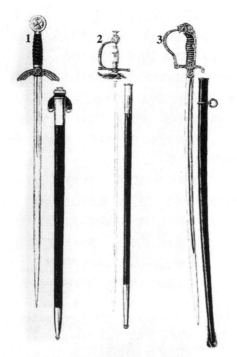

▲ 长佩剑种类图解：1、大剑（1934年空军佩剑）；2、长剑（第一种款式的空军将官佩剑）；3、马刀（陆军狮头护手马刀）。

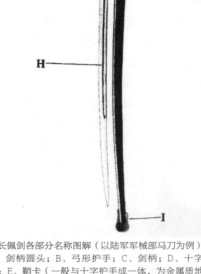

▲ 长佩剑各部分名称图解（以陆军军械部马刀为例）：A、剑柄圆头；B、弓形护手；C、剑柄；D、十字护手；E、鞘卡（一般与十字护手成一体，为金属质地，用于卡住剑鞘）；F、鞘匣口；G、剑鞘挂环；H、血槽；I、鞘尾座。

三类：

Schwert

大剑，具有长直外形、双面刃和大型十字护手，设计来源于中世纪武士使用的用于砍劈的大型剑。

Degen

长剑，设计来源于16世纪的轻型直刺武器，后来被用作侍臣佩剑或者盛装佩剑。其外形长直，仅单面有刃，剑柄平滑且附有弓形护手。

Säbel

马刀，顾名思义设计源于18世纪以来骑兵普遍使用的马刀。它的特点是剑身弯曲，剑柄附有防滑纹，弓形护手外形华丽。这是第三帝国最常见的一类长佩剑，军官们一般以个人名义都向制造商定制，见诸各种资料的此类长佩剑总共有上百种不同的款式。

大多数马刀和长剑均配有特殊形状的的各色缨饰，这些缨饰来源于200多年前武士作战时绑在剑柄和手腕之间的防脱落

身高与佩剑长度的对应数据

佩带者身高	大剑长度	长剑长度	马刀长度（军官）	马刀长度（军士与士兵）
160	88	90	86	90
162	88	90	88	92
165	88	90	90	94
168	88	90	92	96
170	93	95	94	98
173	93	95	96	100
175	93	95	98	102
178	93	100	100	104
180	98	100	102	106
185	98	100	104	108
190	98	100	106	110
195	98	100	108	112

皮带。

第三帝国的长佩剑不仅设计精美，而且根据佩带者身高的不同还有其长度标准，在上表中有佩带者身高与各种长佩剑长度的对应数据（单位：厘米）。

请注意数量较少的大剑和长剑的长度只有3个规格，最为普遍的马刀则分为军官、军士和士兵两个大类，每类中各有12个规格。

包括短佩剑在内，不是所有的第三帝国佩剑均产自"剑之城"索林根。为大家所熟悉的达豪集中营也曾担负了一些佩剑的装配任务。

二战结束前，曾经有美军部队驻扎在达豪集中营外，当时美军刚刚解放达豪集中营，营地里的许多东西还没有被翻动过。集中营就像一个小城镇，其中有许多组装

礼服长佩剑（党卫队军官佩剑）的小作坊。这些长佩剑还都处于未组装状态，美军士兵不得不试着将它们装配起来，由于不是所有的长佩剑的长度都一致，因此美军士兵必须将剑鞘与剑身一一对应起来。

第三帝国长佩剑的款式

出于不明原因，空军（空军将官长佩剑另有独特款式）、海军、党卫队、警察、外交官员、消防组织、陆军军械部、狩猎组织、司法组织、海关、矿业组织等部门的长佩剑均采用一种标准款式，然而陆军长佩剑的款式则超过了100种（许多佩剑收藏者实际上就是陆军佩剑的专门收藏者）。在二战期间卡尔·艾克霍恩（Karl Eickhorn）公司的产品出售清单中，总共有16种款式陆军长佩剑，其中有5种是

艾克霍恩公司的专利设计。虽然大多数款式之间的区别很小——例如仅仅是附带的国防军鹰徽的姿态不同（翅膀展开或收拢），但还是有一些与基本的款式差别较大。后者的例子包括"欧根亲王（Prinz Eugen）"和"Zieten"。制造厂商之间的激烈竞争使得今天的第三帝国长佩剑收藏者们收获颇丰。

大多数以上提及款式各个规格的长佩剑现在都有收藏者收藏，海尔德（Herder）和艾克霍恩（Eickhorn）出产的军官用马刀是其中品质价值较高的剑种。海尔德出产的产品在设计上与众不同，其剑身上除了"Richard A. Herder"之外还没有发现其它的厂标。隆美尔元帅、古德里安将军以及其他很多军官均选择了海尔德出品的马刀。毫无疑问，二战期间艾克霍恩出产的剑品以"婚礼用剑"而闻名于世，帝国元帅戈林就曾在1935年他的第二次婚礼上接受了空军军官们的赠剑。每把"婚礼用剑"均经过了数月打造方能制成，堪称第三帝国时期佩剑中的绝对精品。

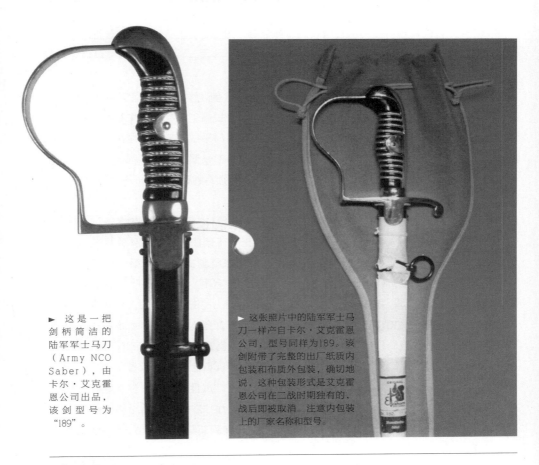

▶ 这是一把剑柄简洁的陆军军士马刀（Army NCO Saber），由卡尔·艾克霍恩公司出品，该剑型号为"189"。

▶ 这张照片中的陆军军士马刀一样产自卡尔·艾克霍恩公司，型号同样为189。该剑附带了完整的出厂纸质内包装和布质外包装，确切地说，这种包装形式是艾克霍恩公司在二战时期独有的，战后即被取消。注意内包装上的厂家名称和型号。

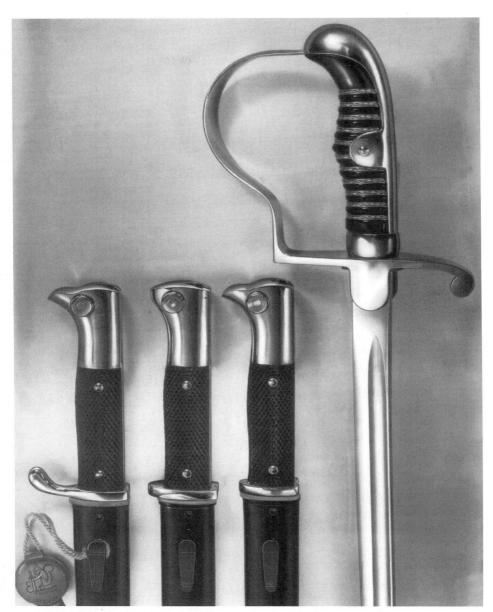

▲ 这是一张卡尔·艾克霍恩公司的原厂资料照片。这张珍贵的黑白照片中包括了三种型号的艾克霍恩刺刀和一把艾克霍恩189型陆军士兵马刀。三种型号的刺刀从左至右分别为：555/557型（555型全长为35cm，557型全长为40cm）、1665型（全长40cm）和1666型（全长40cm）。请注意最左边的刺刀上还附有一枚卡尔·艾克霍恩公司的金属质地质量控制标牌。

特色各异的长佩剑款式的设计并不受第三帝国军方或者政府部门的干预，举例来说，标准的特色长佩剑款式甚至来源于民间的矿业组织的设计方案。

索林根一些规模较大的公司还通常聘请一些专业的艺术家为国防军和纳粹党的高级机关（一般驻柏林和慕尼黑）官员设计特别的剑品。毋庸赘述，这些特别设计的剑品无论哪个被这些高级官员所认可，都会提高"剑之城"的声誉并为其带来更多的订单，但还是有很多设计方案被这些高官所否定。

各种佩剑的生产一直持续到第三帝国濒临崩溃的1944年，由于需要更多的钢材来制造更为有用的武器，因此佩剑的订单被极大地压缩，取而代之的是手枪等自卫武器。具有讽刺意义的是，这些"千年帝国"的象征最后变成了投降者的象征，许多佩剑被作为投降者的武器被交到了盟军将领手中。

希特勒的疯狂使得这些属于军人的荣誉之剑最终蒙上了污点，也许随着时间的推移，第三帝国逐渐会被人们所遗忘，那个时候这些宝剑才能重新回到荣誉象征的地位。

陆军长佩剑

马刀是德国陆军长佩剑的一个种类。就像我们在前面叙述的，陆军军官们以私人名义定制的马刀总共有一百多种不同的款式。有趣的是德国外交官员、消防组织、矿业组织、冲锋队、党卫队、司法机构和

▲ 在这幅肖像照中，一名陆军士兵身着礼服，手执一把附带缨饰的陆军士兵马刀，连接在马刀剑鞘上的皮质挂带清晰可见。

▲ 该照片摄于1934年1月12日，清晰地展示了佩带者拥有的附有银质剑柄和缨饰的陆军士兵马刀。虽然鹰徽和万字徽在1933年3月后便出现在军人制服左胸和大檐帽上，但这张照片反映出直到1934年初，陆军制服上的徽记依然没有完全更新完毕。

▲ 这张照片大约摄于1935年，照片中一位陆军军士长穿着德皇时期式样的陆军礼服，手执一把带有标准镍银质地剑柄的陆军军士马刀。他左袖上佩带的V形和横条章是老式的射手资格章（后被射手饰绪替代）。

监狱机构的人员所佩带的长佩剑的款式几乎是固定的。

我们同样需要注意长佩剑也可由父亲传给儿子，但是这种例子很少见。在这些照片中，服务于第三帝国的人员佩有德意志第二帝国获得的佩剑就是这样的原因。

第三帝国陆军马刀品种数量十分庞大，定制者一般都感到要拥有一把与众不同的佩剑是比较困难的事情。陆军长佩剑中仅有一种是严禁私人定制的，这就是陆军军械部马刀（Army Ordnance Sabers），但是这项禁令于1940年12月20日被取消。

到1941年8月，私人定制的陆军马刀的数量已经达到了五百万把之多，此时的索林根正式迎来了它剑器制造业的春天。

▲ 这是一名陆军山地兵，军衔为一等兵。他身着礼服，手执着附有标准镍质剑柄的陆军士兵马刀。

▲ 隶属于第72步兵团的炮兵礼服照，展示了附有银质剑柄和缨饰的陆军士兵马刀。剑通过皮质挂带和金属吊链悬挂在礼服腰带上。

▲ 照片中的身着礼服的士兵隶属于第17步兵团，右手紧握附有银质剑柄和缨饰的陆军士兵马刀。注意左臂下方的镍质金属佩剑挂环。

▲ 身着礼服的陆军下士，腰间悬挂陆军士兵马刀，马刀柄上栓有一条缨饰带，缨饰带末端连有附带斑点的银质缨饰帽和橡果形缨饰。

◀ 一名年轻的陆军下士与其妻子的结婚照，下士身着礼服，手执一把卡尔·艾克霍恩公司出产的40型陆军士兵马刀。

▲ 一名陆军一等兵，手执附带缨饰的陆军士兵马刀，缨饰组合表明在某步兵团2营第6骑兵连中服役。该士兵左胸佩戴了一枚1939年版黑色战伤勋章，很显然是一名经过血战的老兵

▲ 这名陆军士兵手执着一把陆军士兵马刀，马刀剑柄上附带有缨饰。注意剑鞘上两道明显的擦痕，这是橡胶质悬挂环在珐琅质剑鞘上摩擦出来的痕迹。

▲ 这张照片摄于1940年12月14日，照片中的陆军下士手执一把镍质剑柄的陆军士兵马刀，马刀附带有缨饰和橡胶质悬挂环。

▲ 这张照片摄于1940年12月14日，照片中的陆军下士手执一把镍质剑柄的陆军士兵马刀，马刀附带有缨饰和橡胶质悬挂环。

▲ 照片中的陆军代理下士身着士兵礼服，手执一把镍质剑柄的陆军士兵马刀，马刀上用普通的皮带拴有一只缨饰。

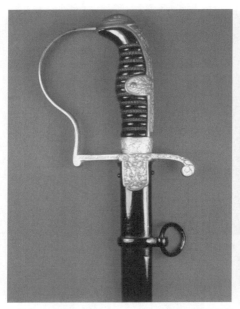

▲ 特征不明显的一把陆军马刀，没有附带制造厂商商标。注意其鞘卡处陆军鹰徽被两把交叉的马刀和两组橡叶代替。

▲ 这张1945年1月13日发表在纽约出版署下属某刊物的照片中，欢庆胜利的美国第3军的士兵们正在准备回纽约度假。在塞满行李的营房里，一名美军士兵正在展示他在欧洲战场上的战利品——一把缴获的陆军马刀。这把陆军马刀配有的缨饰也十分完整。这名士兵名叫弗兰克·布歇，来自新泽西州的阿肯萨克，他面对镜头乐开了花，因为几天后他和他的战友们就将乘运输船回到纽约港。（美国军人如果在战斗中负伤，或者在海外连续作战两年以上，就可以获得回家短期休假的权利。）

◀ 这是一张研究鉴赏陆军士兵马刀的好照片，可以观察到这种佩剑的整体佩带效果。由于它们是根据佩带者的身高而特别定制的，因此我们可以推测这把陆军士兵马刀的主人——隶属于"大德意志"步兵团的这名陆军军士长的个头较为矮小。

▶ 一把无制造厂商商标的陆军马刀细节，其带有樱饰。

▲ 照片中的陆军上士手执一把陆军士兵马刀，其中鞘卡上的交叉马刀与橡叶图案清晰可辨，缨饰皮质吊带在十字和弓形护手上的缠扭方式也十分清晰。上士的左胸还佩戴着一枚铜质体育运动奖章。

▲ 照片中是一位陆军少校级行政官员，是一位身经百战的一战老兵。在他制服内腰带上挂着一把陆军官马刀，鞘卡上有交叉马刀图案。有意思的是，这位老兵穿的是一件士兵制服，只是把穿挂式肩章更换了一下。

▲ 这张明信片中照片的主题为"我们的部队正在进驻"（Unser Wehrmacht Einzuz in die Garnison），反映了德国骑兵纵队正在依令进入驻地。照片中每个骑兵均手执一把标准的骑兵马刀，注意他们的马刀剑鞘都挂在马鞍右侧后部；鞍囊则位于马鞍前部，左右各一，左边的鞍囊装载马使用的器物，右边的则装载骑手的装备。

◄ 十分罕见的德军山地部队使用的皮质佩剑挂带。

► 这张画像出自德国著名艺术家保罗·卡斯伯格（Paul Casberg）之手，曾经在卡尔·艾克霍恩公司某个经理的办公室中悬挂到战后。注意画像中骑兵号手的马鞍后部挂有一把陆军马刀。

1 这张明信片中的骑兵号手很明显是对保罗·卡斯伯格的作品进行了一次非常成功的"模仿秀"。

2 照片中的陆军上士手执的是陆军军官马刀（注意其鸽头状剑柄圆头和配套的军官缨饰）。上士左臂下方制服袋口悬挂着一只水滴状皮质佩剑挂扣。

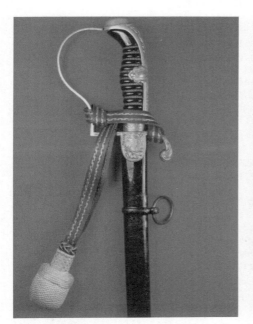

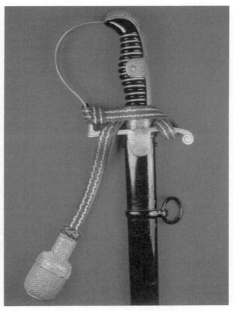

▲ 保罗·维耶斯堡公司（Paul Weyersberg）出产的一把变形版本的陆军马刀，注意其鞘卡正面的花纹是一对交叉的月桂枝。

▲ F·W·霍勒（F.W.Höller）公司出产的3型陆军军官马刀，装饰有配套的缨饰，其特征是正面鞘卡上雕刻的变形版本国防军收翅鹰徽。

3 这是一张陆军少尉的结婚照，少尉手中握着陆军军官马刀（注意其鸽头状剑柄圆头和配套的军官缨饰）。这把佩剑的鸽头状剑柄圆头和弓形护手上均雕有像叶花纹，正面鞘卡上的花纹为一只收起翅膀的国防军鹰徽。

4 这是一张中尉级别的陆军行政官员的结婚照，新郎手中握着一把陆军军官马刀（注意其鸽头状剑柄圆头）。照片中佩剑鞘卡上刻有不常见的月桂枝图案。

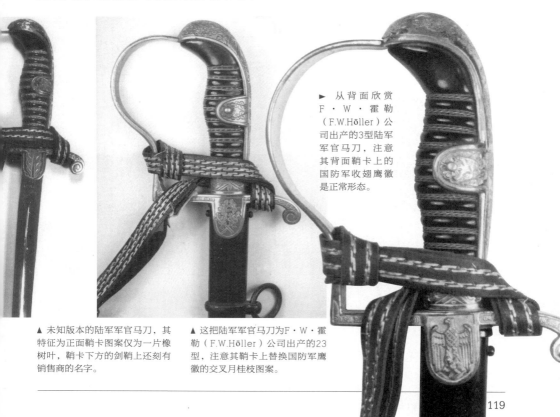

► 从背面欣赏F·W·霍勒（F.W.Höller）公司出产的3型陆军军官马刀，注意其背面鞘卡上的国防军收翅鹰徽是正常形态。

▲ 未知版本的陆军军官马刀，其特征为正面鞘卡图案仅为一片橡树叶，鞘卡下方的剑鞘上还刻有销售商的名字。

▲ 这把陆军军官马刀为F·W·霍勒（F.W.Höller）公司出产的23型，注意其鞘卡上替换国防军鹰徽的交叉月桂枝图案。

▲ 一款F・W・霍勒（F.W.Höller）公司出产的变形版本陆军军官马刀，注意其鞘卡上的变形国防军鹰徽，鹰徽的双脚要比通常版本的粗大。

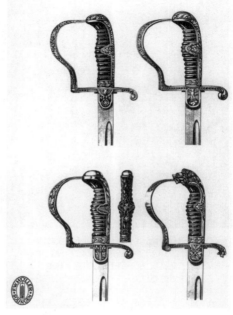

▲ 这张图片给出了F・W・霍勒（F.W.Höller）公司出产的部分型号陆军军官马刀的线图。其中7型（左下角）曾出现在该厂1941年的产品目录中，注意其光滑的剑柄圆头和刻有展翅鹰徽的剑柄金属部分。

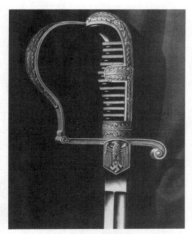

▲ 这是一张1938年7月发表于报道德国刀器工业贸易的专门杂志"Die Klinge"（《刀剑》）上的一副照片，照片中新款式的陆军军官马刀正面鞘卡上刻有一只标准的国防军鹰徽。

▲ 这是一幅同样出现在1938年7月"Die Klinge"杂志上的陆军军官马刀的素描画。这把佩剑制作精美，是个人的定制品，由索林根的罗伯特·克拉斯（Pobert Klaas）公司生产，注意其十字护手上还拴着克拉斯公司的质量控制标牌。

▲ 照片中的这名陆军上士手执一把陆军马刀,鸽头状的剑柄圆头、国防军收翅鹰徽和全套缨饰均清晰可见。另外我们还能看到他左臂下方露出的佩剑挂带,左臂上的布质徽章是炮兵射手袖章。

▲ 这张照片摄于1941年11月22日,其中的军士长手握一把不明版本的陆军马刀(附带鸽头状剑柄圆头和全套标准制式的缨饰)。

◄ 这张照片是一把第17步兵师陆军军官马刀。这把佩剑出产于阿尔克索公司,品相全新,版本未知。注意其鞘卡上的图案为第17步兵师师徽——盾牌和斜放在其上的刺刀,该徽记为无光泽银色。

▲ 这名候补军官(肩章为上士军衔,靠近肩头处附带候补军官银丝饰条)和他妻子的结婚照摄于1943年7月10日。新郎的腰上悬挂着一把陆军军官马刀(附带军官式样缨饰)。

▲ 这位上等兵新郎腰间悬挂着剑柄圆头为狮头状的陆军军士马刀(附带军士式样的缨饰)。

▲ 这张照片摄于1941年，其中的陆军上士隶属于第35步兵团，展示了附带全套缨饰陆军马刀的标准式样。他所获得的勋奖章包括：1939年版二级铁十字勋章、银质步兵突击章、黑色战伤勋章和铜制国家体育运动奖章。

▲ 一名陆军中尉身着带有银色军官绶带的礼服与他的新娘拍摄的结婚照，照片摄于1943年8月21日。中尉手中握着一把陆军军官马刀（剑柄圆头为鸽头状）。

▲ 照片中的陆军骑兵身着1939年式礼服，手中握有一把WKC厂出产的1056型陆军马刀（可从其光滑的剑柄圆头帽识别）。该剑配有士兵用缨饰及其皮质缨饰带。

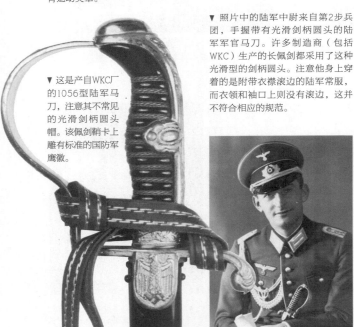

▼ 这是产自WKC厂的1056型陆军马刀，注意其不常见的光滑剑柄圆头帽。该佩剑鞘卡上雕有标准的国防军鹰徽。

▼ 照片中的陆军中尉来自第2步兵团，手握带有光滑剑柄圆头的陆军军官马刀。许多制造商（包括WKC）生产的长佩剑都采用了这种光滑型的剑柄圆头。注意他身上穿着的是附带衣襟滚边的陆军常服，而衣领和袖口上则没有滚边，这并不符合相应的规范。

▼ 这张照片拍摄于1937年1月，照片中的陆军少尉手执陆军军官马刀（剑柄圆头为鸽头状，附带军官式样缨饰及皮质挂带），注意剑柄金属部分上的雕花。大部分的制剑厂家——包括阿尔克索、艾克霍恩，以及霍勒，都生产过这样的雕花剑柄佩剑。

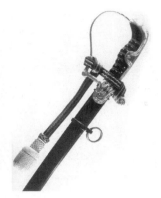

▲ 一把同样罕见的海尔德1018型陆军军官马刀，而这张照片同样珍贵，因为它是当时这种罕见长佩剑样品的唯一存世的照片。

▲ 海尔德1018型陆军军官马刀剑柄处的放大图像。注意其富有特色的鞘卡和剑柄金属部分。带有银色鹰徽的鞘卡和十字护手为一体式，赛璐璐材质的剑柄上饰有7组三股金属丝线。剑柄金属部分的原厂镀金几乎100%保留了下来。

▲ 从背面欣赏1018型陆军军官马刀，它配有的缨饰皮带也与众不同，上面的装饰线为金线而不是普通版本的银线。

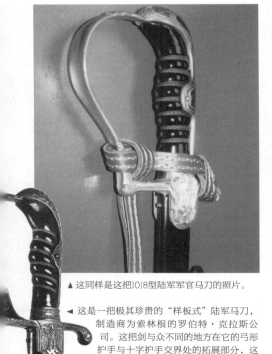

▲ 这同样是这把1018型陆军军官马刀的照片。

◀ 这是一把极其珍贵的"样板式"陆军马刀，制造商为索林根的罗伯特·克拉斯公司。这把剑与众不同的地方在它的弓形护手与十字护手交界处的拓展部分，这个拓展部分上刻有星芒状花纹。

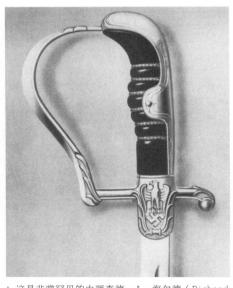

▲ 这是非常罕见的由理查德·A·海尔德（Richard. A.Herder）公司生产的1018型陆军马刀。这把剑是海尔德公司秉承"更新颖、更优雅和更轻便"的目标生产的升级版本。与海尔德其他型号的产品不同的是，这把剑鞘卡处的变形国防军鹰徽与鞘卡分别为银色和金色（1008型全为金色，普通1018型全为银色）。

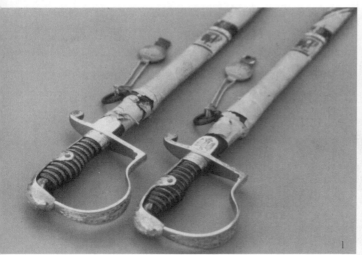

1 这两把陆军马刀均为埃克霍恩1716型（"Roon"型），都附有出厂时保护剑鞘的纸质内包装和埃克霍恩质量控制牌。它们都是美军军士长利雷（Liley）从索林根布吕勒（Brühler）大街335号卡尔·埃克霍恩公司搜刮出来的战利品。

2 这张婚礼照片中的新郎中尉穿着带有军官绶带的礼服，佩戴着全尺寸勋章和礼服腰带，手中握着附带鸽头状剑柄圆头和军官式样缨饰的陆军军官马刀。新人对面坐着一位主持婚礼的一般党卫队官员，后者的大檐帽放在一旁。桌子上还摆有党卫队纪念烛台（SS Allach Julleuchter），烛台边上的那本书极可能是《我的奋斗》——依例送给新人的结婚礼物。

▼ 珍贵的"样板式"陆军马刀图片。

▼ 未知版本的陆军样本马刀，正面与十字护手融为一体的鞘卡上刻有一只陆军展翅鹰徽，制造商为E.&F.霍斯特（E.&F.Hörster）公司。奇怪的是，该型号霍斯特长佩剑却配有和德皇时期长佩剑相似的皮质缨饰带。

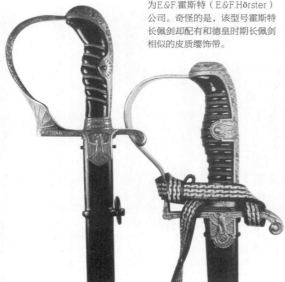

▲ 这是一张第45轻工兵营第2连的全家福，其中坐在第一排的11名军官和军士手中握有陆军马刀。照片背面写有其拍摄地"Hillenbrand Pfaffenhofen"（西伦布兰德，普法芬霍芬镇），普法芬霍芬镇坐落在慕尼黑与纽伦堡之间。

3 照片中一群陆军新兵正在入伍仪式上宣誓效忠元首。画面最右边的士兵佩带了一把普通野战刺刀，最左面领誓的军官手执着配有缨饰的陆军马刀。佩剑在纳粹德国的各种仪式、庆典上的应用均十分广泛。

4 照片中是几名等待检阅过程中的陆军旗手，注意两侧护旗手手中附有缨饰的陆军马刀。

▲ 这是一张骑兵学校（Kriegsschule）教官的合影，摄于1938年8月。头一排就座的11名军官中（右起第5位就是未来的"沙漠之狐"埃尔温·隆美尔）有8名手执着带有鸽头状剑柄圆头的陆军马刀，最右边的军官手中的是一把德皇时期萨克森步兵军官长佩剑。

▲ 美军第9军第84步兵师的技术军士威廉·查辛（William Chasin）正在从一堆各个时期的德国兵器中挑拣陆军长佩剑，好像他对手中的这把陆军马刀很感兴趣，这些东西都是从德国萨尔促福伦镇（Salzuflen）居民的家中搜罗来的。

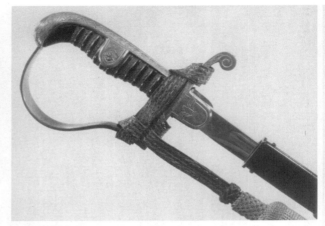

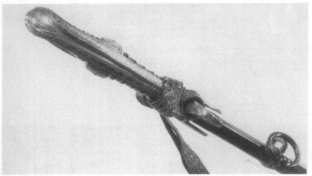

▲ 这是一把很罕见的带有鸽头状剑柄圆头的2型d款（Nr.2 Offizer-Einheits d）陆军军官马刀，由F·W·霍勒公司制造。剑柄圆头，剑柄金属部分、弓形护手和鞘卡上均雕有式样相同的几何花纹。鞘卡上还有一只缩小的陆军展翅鹰徽。

▲照片中的这位身着礼服的陆军上士手中握有一把附有军官式样缨饰的陆军军官马刀。这把剑鞘卡处的陆军展翅鹰徽清晰可见。

1 结婚照中的这位陆军上士手执附有金银线编织花纹缨饰的陆军马刀，照片背面字样是夫妇二人的名字——"Lilly und Franz"，拍摄时间为1941年5月17日，拍摄地点在维也纳。

2 照片中身着礼服的陆军上士腰间挂着一把WKC出产的1058型陆军马刀（附有缨饰），其缨饰带为黑色皮质。

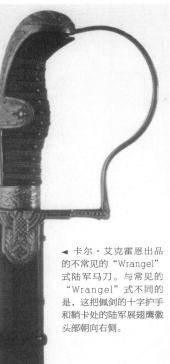

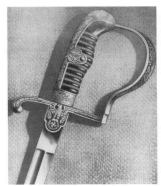

▲ 这是另一把出现在阿尔克索公司早期产品目录中的2285型陆军军官马刀，注意其十字护手和鞘卡上的陆军展翅鹰徽头部朝向右侧。

▲ 这张出现在1938年7月"Die Kline"刊物上的陆军马刀产于埃米尔·福斯（Emil Foos）公司。实际上该厂是以采用双面蚀刻（Double-etched）技术制造陆军和空军短佩剑而闻名于世，这张照片说明了它也曾少量生产了一些陆军长佩剑。

◄ 卡尔·艾克霍恩出品的不常见的"Wrangel"式陆军马刀。与常见的"Wrangel"式不同的是，这把佩剑的十字护手和鞘卡处的陆军展翅鹰徽头部朝向右侧。

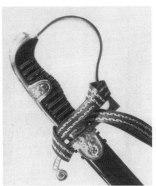

▲ 这是不多见的第三帝国陆军马刀，产于安顿·维根（Anton Wingen）公司（一家索林根的小制剑企业）。这把剑仍然保持着出厂时的样子，黄铜质的剑柄各金属部分上的原厂精美镀金层也100%保存完好。鞘卡上的陆军展翅鹰徽细节清晰，皮质缨饰带上有用银线编织的花纹。

▲ 这把安顿·维根公司出产的陆军马刀的背面照片，注意其背面鞘卡上没有任何图案。

◄ 这是一把非常有意思的陆军马刀，它的名字叫做"von Wedel"（冯·维德尔）。其鞘卡上的图案一枚银质纹章，该纹章可能是"冯·维德尔"这个家族的纹章，也可能是某个城镇或是陆军中某个单位的纹章。

▲这位陆军军士长手中握有带有鸽头状剑柄圆头的陆军军官马刀（注意其带有金银花边的军官式样缨饰带），军士长左袖下方的两条铝线编织的窄袖章反映了他是所在连队的连军士长。

▲照片中是手执陆军马刀的陆军参谋军士，注意鞘卡上清晰可见的陆军展翅鹰徽。制服左臂上带有闪电箭头的圆形臂章代表这位参谋军士在通信部队服役。

▲照片中是身着礼服的一战老兵，他手扶着附有标准军官式样缨饰的第三帝国陆军军官马刀，注意其鞘卡上的陆军展翅鹰徽。制服左胸佩戴的勋奖章包括：1914年二级铁十字勋章、两枚国防军长期服役奖章、吞并奥地利和捷克斯洛伐克纪念章等。

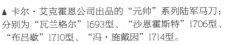

▲ 卡尔·艾克霍恩公司出品的"元帅"系列陆军马刀：分别为"瓦兰格尔"1693型、"沙恩霍斯特"1706型、"布吕歇"1710型、"冯·施戴因"1714型。

▲ 卡尔·艾克霍恩公司出品的"元帅"系列陆军马刀：分别为"罗恩"1716型、"茨坦"1734型、"德弗林格尔"1735型、"欧根亲王"1765型。

▲照片中这名喜笑颜开的军士长手中握有带有鸽头状剑柄圆头和军官式样缨饰的陆军军官马刀。左袖上的两条铝线编织袖章说明他是所在连的连军士长。

▲约阿希姆·史密茨（Joachim Schmitz）陆军上士身着礼服，手中握着一把附有缨饰的陆军马刀。上士佩戴着1939年二级铁十字勋章、铜制国家体育运动奖章和骑手奖章。

▲这张结婚照中的陆军上士手握陆军马刀，注意其鸽头状剑柄圆头和相对较大的缨饰。

▲卡尔·艾克霍恩公司出品的"元帅"系列陆军马刀："吕措夫"1767型。

▲这是卡尔·艾克霍恩公司生产的带有狮头状剑柄圆头的陆军马刀（"元帅"系列，"沙恩霍斯特"1706型），配有缨饰和剑柄保护袋。

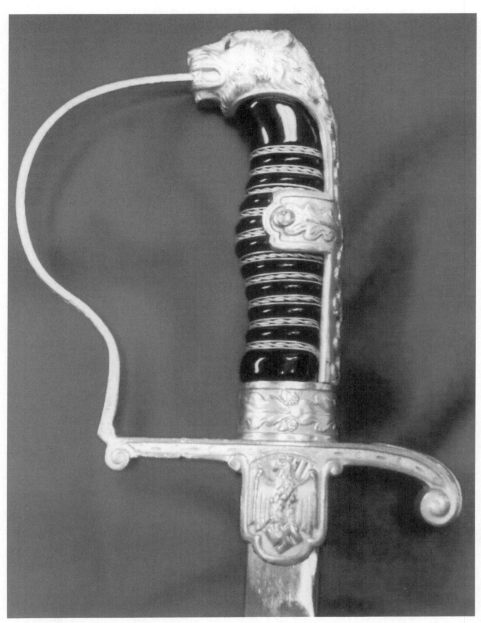

▲ 艾克霍恩 "沙恩霍斯特" 1706型陆军马刀，该型长佩剑曾经申请了专利保护，其十字护手的下边砸印有 "D.R.P." 字样。

► 照片中为 "沙恩霍斯特" 1706型陆军马刀剑身正面的铭文特写。铭文字体为哥特体，占据了一块14又1/8英寸长的剑身。铭文内容为 "Gewidmet vom 1 Bug d. 18. (Erg.) A.R. 78 (M.G.) im November 1938" （来自第78炮兵团第18预备连1号炮组的礼物，1938年11月），铭文两侧均刻有几何图形装饰花纹。

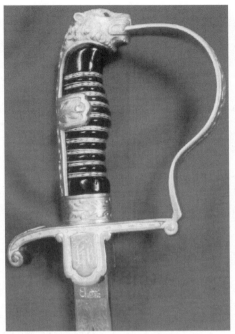

▲ 从背面欣赏这把"沙恩霍斯特"1706型陆军马刀，注意背面鞘卡上刻有最初拥有者的名字缩写"F.H."，这两个字母为手写体，并相互缠绕在一起。艾克霍恩厂标被刻在鞘卡下方剑身无刃根部。

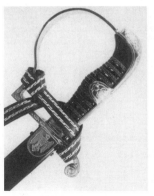

▶ 这位陆军上士手中握有配有缨饰的"沙恩霍斯特"1706型陆军马刀，注意他身上是一套配有8颗纽扣的非标准版陆军常服。

◀ 照片中是"罗恩"1716型陆军马刀，它的原主人在苏德战场上阵亡。

▲ 照片中是一把"冯·施戴因"1714型陆军马刀，附有银灰色缨饰。

▼ 这是一幅"冯·施戴因"1714型陆军马刀的手绘图。

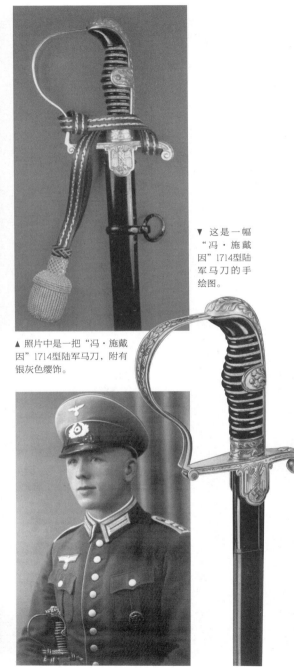

▲这张结婚照摄于1944年1月30日，新郎是一名陆军上士，他腰间挂着"茨坦"1734型陆军马刀，注意其制服左下衣袋上挂有的佩剑挂带。

▶ 这是一幅"罗恩"1716型陆军军刀的手绘图，原载于艾克霍恩厂方的文件资料中。

▲这是一张清晰的肖像照，主人公是一位陆军上士，他手中握有"德弗林格尔"1735型陆军马刀。

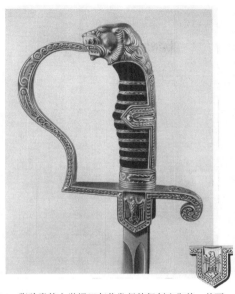

▲ 一张珍贵的上世纪30年代发行的佩剑广告单，共两页。广告单上的这把长佩剑就是"茨坦"1734型陆军马刀，该型号也申请了专利保护。

▲ 这张照片中的陆军上士（可能来自于工兵部队）手中握有带有缨饰的"德弗林格尔"1735型陆军军官马刀。上士右肩上还佩戴有陆军一级射手勋索。

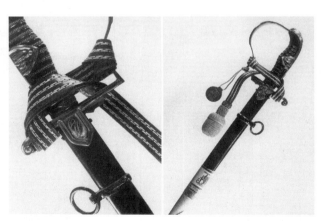

▲这是"欧根亲王"1765型陆军马刀背面鞘卡的特写照片，鞘卡上的"O.W."字样是原所有者的名字缩写，"1 May 1941"字样则是获得日期。该型号的长佩剑也曾被武装党卫军军官佩用。

▲这是一幅新款式的陆军马刀的手绘图，存于艾克霍恩厂方的资料中。尽管设计师（很可能就是先前提到过的那位保罗·卡斯伯格）希望它能够成为"欧根亲王"1765型陆军马刀的升级产品，但该型佩剑最终没有正式生产。

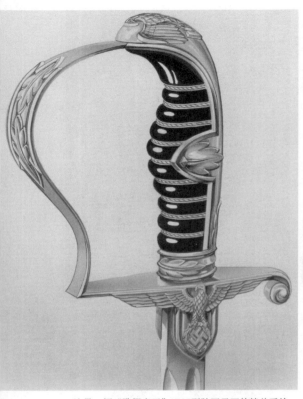

▲ 这是一幅"欧根亲王"1765型陆军马刀的精美手绘图，出自保罗·卡斯伯格之手。这位艺术家兼设计师的作品也是当今收藏市场上炙手可热的藏品。

▲ 这张手绘图是另一幅保罗·卡斯伯格的佩剑设计作品，没有证据证明这款佩剑正式生产过。

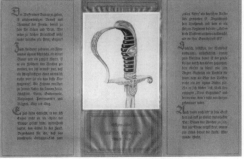

▲ 这是十分珍贵的上世纪30年代"欧根亲王"1765型陆军马刀产品宣传册的封面照片。

▲ 这是这本产品宣传册的内页照片，很显然这款长佩剑是艾克霍恩引以为傲的产品之一。

▲ 照片中的陆军少尉手执附有缨饰的"欧根亲王"1765型陆军马刀，剑鞘右侧是罕见的用金银丝线刺绣的皮质佩剑挂带。

▲ 这位陆军军官身着全套礼服，腰间挂着"欧根亲王"1765型陆军马刀。

▲ 这是"吕措夫"1767型陆军马刀，注意其鞘卡上的图案——万字徽、剑和两组橡叶。

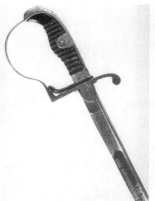

▲ 这把"欧根亲王"1765型陆军马刀鞘卡部分的特写照片。该型长佩剑是"元帅"系列中最为稀有的品种，其用三股银线装饰的皮质缨饰带的品质近乎于完美。

▲ 这是奖给（由于其出色的射击技术）米特迈尔（Mittermaier）中尉的陆军马刀，这把剑采用大马士革的精钢打造，剑身两面有蚀刻的精美花纹。通过十字护手下的皮质指套可知这是艾克霍恩公司的早期产品。

▲ 米特迈尔少尉的陆军马刀背面鞘卡部分的特写照片，注意剑身无刃根部砸印的被鞘卡部分挡住的艾克霍恩公司厂标。

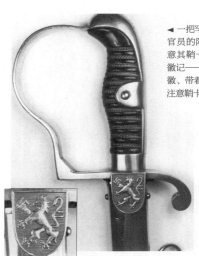

◀ 一把罕见的第三帝国图灵根州政府官员的陆军马刀剑柄部分特写，注意其鞘卡上的图案就是图灵根州的徽记——一只右前爪中握着一枚万字徽、带着王冠成跃立式姿态的狮子。注意鞘卡上图灵根州徽记特写。

◀ 罕见的双面雕花陆军马刀，为索林根恩斯特·帕克和儿子（Ernst. Pack & S·hne）公司的产品。正面鞘卡上刻有一只国防军鹰徽，剑身两面均雕有精美花纹。剑身正面中部有一块蓝色区域，内有银色字样"Panzertrupper Schule Putlos"——"普特罗斯装甲兵学校"。

▲ 米特迈尔中尉的陆军马刀剑身正面的特写照片。字样为"Ehrenpreis für hervorragende Schieβ leistungen 1933 Lt. Mittermaier，Kf. 5."——"射击成绩突出荣誉奖，1933年 米特迈尔少尉，第5分队"。

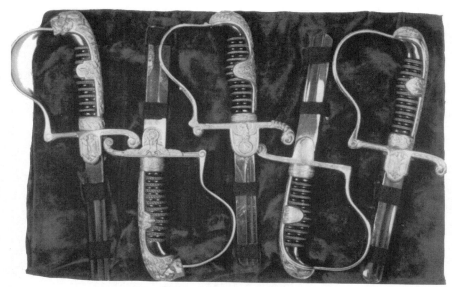

▲ 这是埃米尔·福斯公司销售人员样品箱中的五把样品剑，每把样品均用弹性布带固定在天鹅绒材质的衬底上。为了方便销售人员到德国各地推销产品，样品剑的剑身都只剩下很小的一部分。

▲ 亚历山大·埃德勒·冯·丹尼尔斯（Alexander Edler Von Daniels）将军，在他的制服左胸佩带着1914年一级铁十字勋章和1939年一级铁十字勋饰。少将手中握着的陆军马刀也是早期的产品，其剑柄用鲨鱼皮制成。这说明在第三帝国时期佩带之前时期获得的佩剑是被允许的。

▲ 这张照片中的陆军将军手中握着一把不明版本附带缨饰的陆军长佩剑，它可能是一战期间的宫廷佩剑。

▲ 这名陆军上士手中握有一把版本未知的带狮头状剑柄圆头的陆军骑兵马刀，注意其正面鞘卡上的交叉马刀图案。

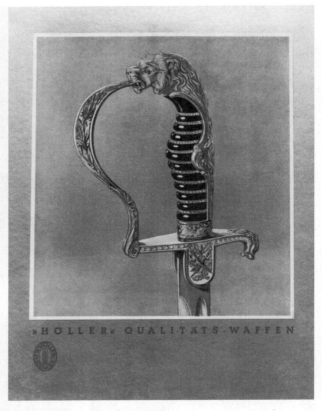

▲ 这是一张F·W·霍勒公司的广告宣传单，其中的长佩剑是陆军骑兵军官马刀——注意其鞘卡内的橡叶与交叉马刀图案。

▲ 这名陆军上士手中握着德皇或魏玛时期出产的带有狮头状剑柄圆头和缨饰的陆军骑兵马刀。注意这把剑的鲨鱼皮剑柄，剑柄装饰丝线和正面鞘卡上的交叉马刀图案。这名上士获得了许多勋奖章：两个级别的铁十字勋章、东线作战奖章、银质步兵突击章和黑色战伤勋章。

◀ 这张结婚照上的陆军上士佩带着陆军骑兵军官马刀，其正面鞘卡上有两把交叉马刀图案，缨饰带采用常规方式绑在十字护手上，其上连有军官样式的缨饰。上士左袖上的袖章是1936年之前的射手奖章。

▲ 这是一把产自卡尔·艾克霍恩公司的1324型陆军炮兵军官马刀，该型号剑可以根据需要调整正面鞘卡上的图案——交叉的大炮或交叉的马刀——以便炮兵或者骑兵军官佩带。

▲ WKC公司早期出品的带有狮头状剑柄圆头的陆军马刀，其正面鞘卡上的国防军鹰徽为银色，并且是铆接在鞘卡上的。

◀ 这是一把版本未知的陆军炮兵马刀，为刚出厂的产品，注意其狮头状剑柄圆头和正面鞘卡上的交叉大炮图案，还有十字护手末端的动物头部雕刻。同时还有这把陆军炮兵马刀正面鞘卡的特写

▼ 这是一把恩斯特·帕克和儿子公司出品的536型陆军马刀，带有狮头状剑柄圆头和军官式样的缨饰。这把剑配有极为罕见的由织物制成的储藏袋。

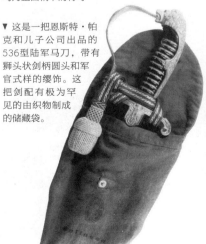

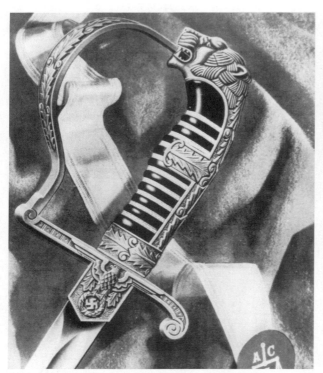

▲ 显然这把恩斯特·帕克和儿子公司出品的陆军马刀的原拥有者军旅生涯中所经过的地区包括德累斯顿——原萨克森王国的首都，因为这把剑的弓形护手上刻有萨克森的纹章。旁边的储藏袋上印有"Blanke Waffen des Ernst Pack & Söhne"（恩斯特·帕克和儿子公司正品武器）字样和该公司的"Blacksmith"商标。

▲ 阿尔克索公司产品目录中120型陆军军官马刀的产品配图，该型佩剑申请了专利保护，注意其"ACS"商标——"Alexander Coppel, Solingen"。

▶ 陆军马刀弓形护手的特写照片，注意其上萨克森纹章的细节。

▲ 照片中是身着礼服的第83山地工兵团上士，手中握有一把埃克霍恩公司"布吕歇"1710型陆军马刀。

▲ 照片中这名上士来自第488步兵团，他手中握有阿尔克索公司119型陆军马刀，带有狮头状剑柄圆头和军官式样缨饰。

▶ 这是一把珍贵的第三帝国冲锋队步兵（SA-Feldjäger）双面雕花马刀，带有狮头状剑柄圆头，由保罗·维耶斯堡公司生产。它的剑柄材料为黑色赛璐珞，正面鞘卡上有一只标准的国防军鹰徽。

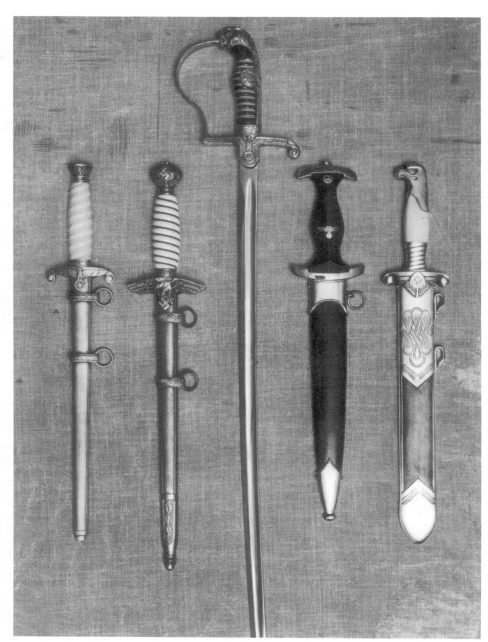

▲ 现已不复存在的安顿·维根公司的珍贵原厂照片。照片中从左至右分别为维根陆军军官短佩剑、第2款式空军短佩剑、陆军马刀、冲锋队短佩剑和帝国劳工组织官员短佩剑。

▲ 这名身着礼服的陆军上士手握一把带有狮头状剑柄圆头和银灰色缨饰的陆军马刀，正面鞘卡上的陆军展翅鹰徽清晰可见。照片中还可看到上士礼服左侧下方的泪滴形佩剑挂环以及礼服右肩上佩带的二级射手勋索。

▲ 这张照片摄于1943年9月28日，照片中的陆军上士身着礼服，手中握有一把带狮头状剑柄圆头和军官式样缨饰的陆军马刀。通过其剑柄构造我们可以推断出这是一把产自WKC公司的1025型陆军马刀。

▲ 这张照片很好地向我们展示了陆军马刀的佩戴效果，从中我们可以清楚地看到狮头状剑柄圆头、缨饰、缨饰带在十字护手上的传统缠结方式和连在剑鞘上的皮质佩剑挂带。

▲ 这张照片中的陆军上士腰间悬挂这一把带狮头状剑柄圆头和缨饰的陆军马刀。用于悬挂佩剑的挂带在礼服里面，与过肩背带相连。

▲ 背面鞘卡上刻有原拥有者姓名缩写的又一个例子，字样为"R.D."，但是其字体相对粗糙。

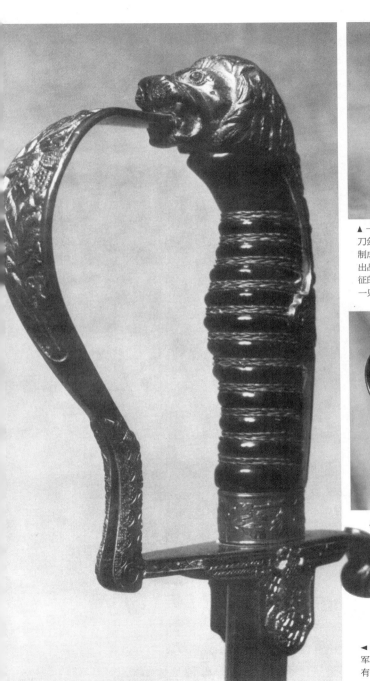

▲ 一把带有狮头状剑柄圆头的陆军马刀剑柄部分特写，狮子的眼睛用玻璃制成。这把恩斯特·帕克和儿子公司出品的，通体都具备陆军军官马刀特征的长佩剑的弓形护手上竟然出现了一只空军鹰徽，十分罕见。

▲ 这把特殊的陆军马刀弓形护手部分特写，可以更清晰地看到其上出现的空军鹰徽，这种式样的鹰徽多见于空军军官短佩剑的十字护手上。

◀ 这是一把带有豹头状剑柄圆头的陆军马刀，其十字护手和正面鞘卡上刻有一只标准的陆军展翅鹰徽。

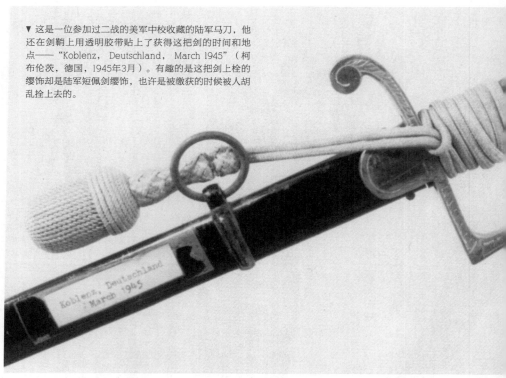

▼ 这是一位参加过二战的美军中校收藏的陆军马刀，他还在剑鞘上用透明胶带贴上了获得这把剑的时间和地点——"Koblenz, Deutschland, March 1945"（柯布伦茨，德国，1945年3月）。有趣的是这把剑上栓的缨饰却是陆军短佩剑缨饰，也许是被缴获的时候被人胡乱拴上去的。

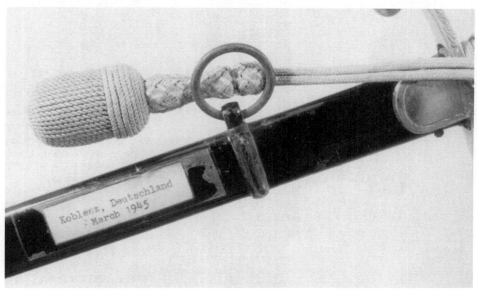

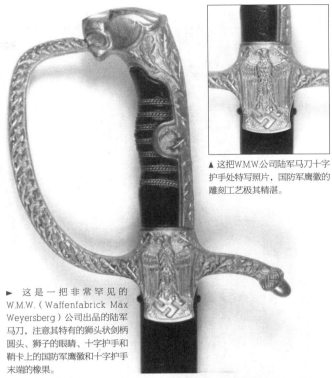

▲ 这把W.M.W公司陆军马刀十字护手处特写照片，国防军鹰徽的雕刻工艺极其精湛。

▶ 这是一把非常罕见的W.M.W.（Waffenfabrick Max Weyersberg）公司出品的陆军马刀，注意其特有的狮头状剑柄圆头、狮子的眼睛、十字护手和鞘卡上的国防军鹰徽和十字护手末端的橡果。

▲ 照片中身着礼服的这位陆军军士长手中握有带狮头状剑柄圆头的陆军军官马刀，在其右肩部佩戴有一级射手勋索，礼服第二扣眼处佩戴有1939年二级铁十字勋章。礼服和大檐帽均采用军官使用的羊毛织物制作。

▲ 照片中的这名上士手中握有带有狮头状剑柄圆头和军官式样缨饰的陆军马刀，通过其正面鞘卡上的花纹图案我们可以推断它产自保罗·维耶斯堡公司。上士制服左袖佩戴的臂章是老式的射手奖章。

▲ 这名上士手中握有带有狮头状剑柄圆头和缨饰的陆军军官马刀。通过其剑柄圆头处和背面鞘卡处的精美雕刻花纹可以断定，这是一把WKC公司1059型陆军马刀。上士获得的荣誉包括1939年二级铁十字勋章和一级射手勋索。

▲ 这是一张E&F.霍斯特公司的产品宣传海报，其中可见带有狮头状剑柄圆头的陆军马刀。

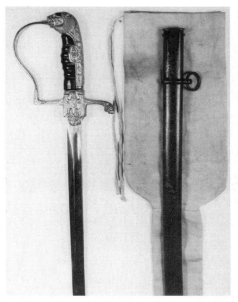

▲ 一张罕见的霍勒公司21型陆军马刀及其剑鞘和储藏袋的合影照片。

▼ 这张结婚照中的陆军下士手握一把带有狮头状剑柄圆头和军官式样缨饰的陆军军官马刀，正面鞘卡处的陆军展翅鹰徽清晰可见。

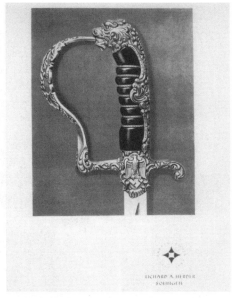

▲ 这是理查德·A·海尔德公司1007型陆军马刀的宣传资料照片，其正面鞘卡上的银质国防军鹰徽可以根据客户需要保留或去掉，去掉鹰徽的陆军马刀型号变为1017型。

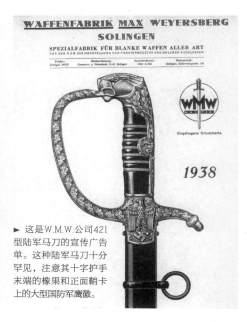

▶ 这是W.M.W.公司421型陆军马刀的宣传广告单。这种陆军马刀十分罕见，注意其十字护手末端的橡果和正面鞘卡上的大型国防军鹰徽。

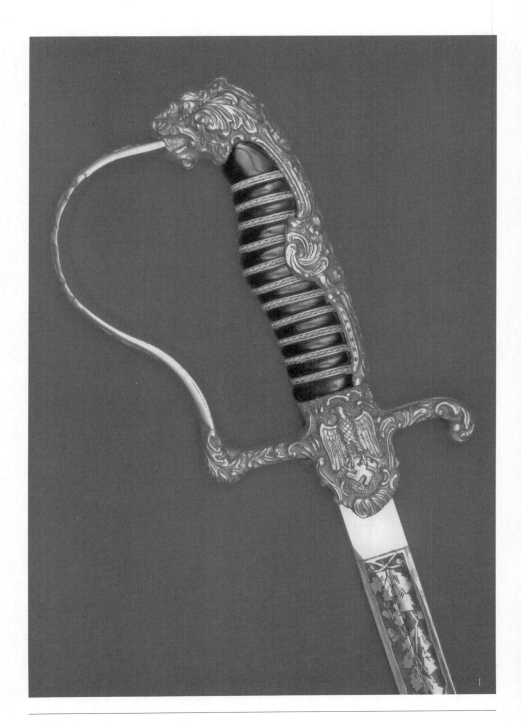

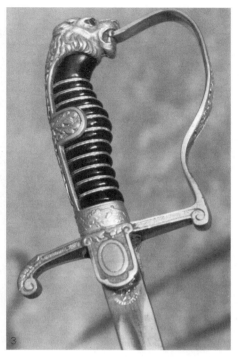

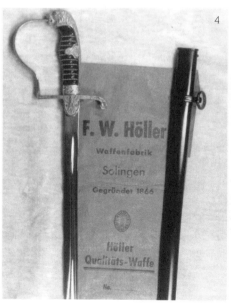

1 这是一把理查德·A·海尔德公司豪华版1017型陆军马刀,其剑柄、十字护手和鞘卡上的国防军鹰徽都极富特色。剑身采用大马士革的精钢打造,工艺几乎无懈可击,上面还雕有华丽的花纹。这把剑是赠给巴隆·冯·德·戈尔茨改为 (Baron von der Goltz) 的礼物。冯·德·戈尔茨家族是一个古老而有影响力的德国贵族家族的名字,其成员在普鲁士王国以及后来的德意志帝国担任过许多重要的政治和军事职位。

2 罗伯特·克拉斯公司出品的一把带有狮头状剑柄圆头的陆军军官马刀,注意狮子的眼睛。由于背景和光线的原因,有时剑柄金属部分及护手都仿佛镀上了黄金,但实际上它们都是用德国银打造而成。

3 罗伯特·克拉斯公司出品的陆军军官马刀的背面照片,注意其背面剑身无刃根部砸印的厂标。

4 这是一把F·W·霍勒公司新出厂的带有狮头状剑柄圆头的陆军马刀,注意其配套的纸质外包装袋,袋子上印着"F·W·霍勒武器制造公司,索林根,创始于1866年,霍勒高品质武器"字样和该公司厂标。

▲ 这名陆军上士手中握有一把卡尔·艾克霍恩公司出品，带有狮头状剑柄圆头和缨饰的陆军炮兵马刀，注意其正面鞘卡上的交叉大炮图案。

FABRIKZEICHEN
SEIT 1884

RICH.A.HERDER
SOLINGEN

1

▲ 这张照片摄于1942年5月14日，照片中的陆军少尉身着礼服，腰间挂着带有狮头状剑柄圆头和军官式样缨饰的陆军马刀，左胸佩戴有二级铁十字勋章、东线作战奖章、银质步兵突击章和银质战伤勋章。

▲ 这张结婚照中的新郎手中握有带豹头式剑柄圆头和缨饰的陆军马刀。

▲ 这名身着礼服的陆军上士手中是带有狮头状剑柄圆头和缨饰的陆军军官马刀。

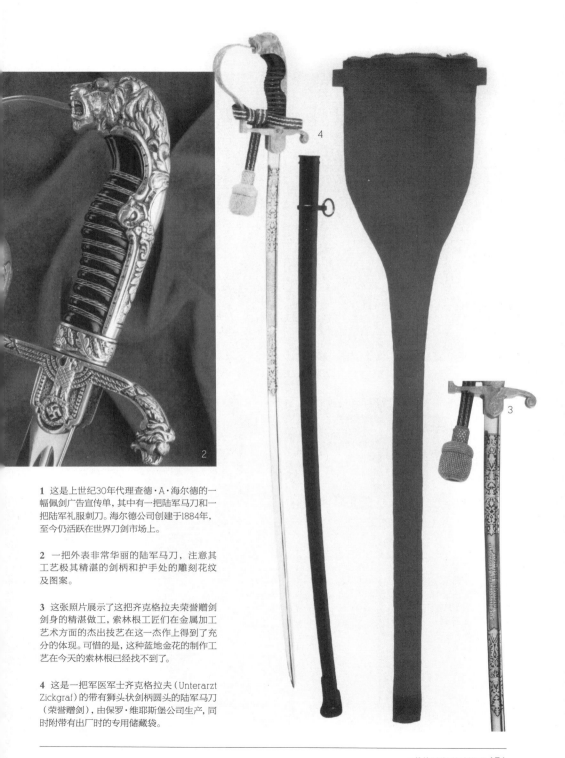

1　这是上世纪30年代代理查德·A·海尔德的一幅佩剑广告宣传单，其中有一把陆军马刀和一把陆军礼服刺刀。海尔德公司创建于1884年，至今仍活跃在世界刀剑市场上。

2　一把外表非常华丽的陆军马刀，注意其工艺极其精湛的剑柄和护手处的雕刻花纹及图案。

3　这张照片展示了这把齐克格拉夫荣誉赠剑剑身的精湛做工，索林根工匠们在金属加工艺术方面的杰出技艺在这一杰作上得到了充分的体现。可惜的是，这种蓝地金花的制作工艺在今天的索林根已经找不到了。

4　这是一把军医军士齐克格拉夫（Unterarzt Zickgraf）的带有狮头状剑柄圆头的陆军马刀（荣誉赠剑），由保罗·维耶斯堡公司生产，同时附带有出厂时的专用储藏袋。

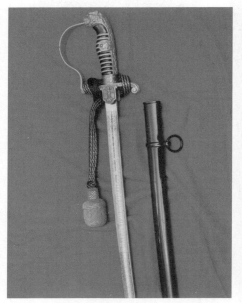

▲ 这是一把带有狮头状剑柄圆头和缨饰的双面雕花陆军马刀。

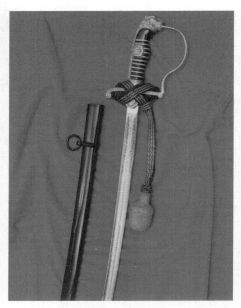

▲ 注意这把陆军马刀上缨饰带在十字护手上的独特缠结方式。

► 齐克格拉夫荣誉赠剑背面鞘卡部位的特写照片，精美的背面鞘卡上刻有橡叶图案和"Militärätliche Akademie"（军医学院）字样。注意被鞘卡部分遮挡的，位于剑身背面无刃根部的维耶斯堡公司的厂标。

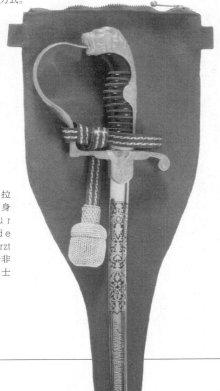

► 这把齐克格拉夫荣誉赠剑的剑身铭文内容为"Für hervorragende Leistungen Unterarzt Zickgraf"（有鉴于非凡的功绩，军医军士齐克格拉夫）。

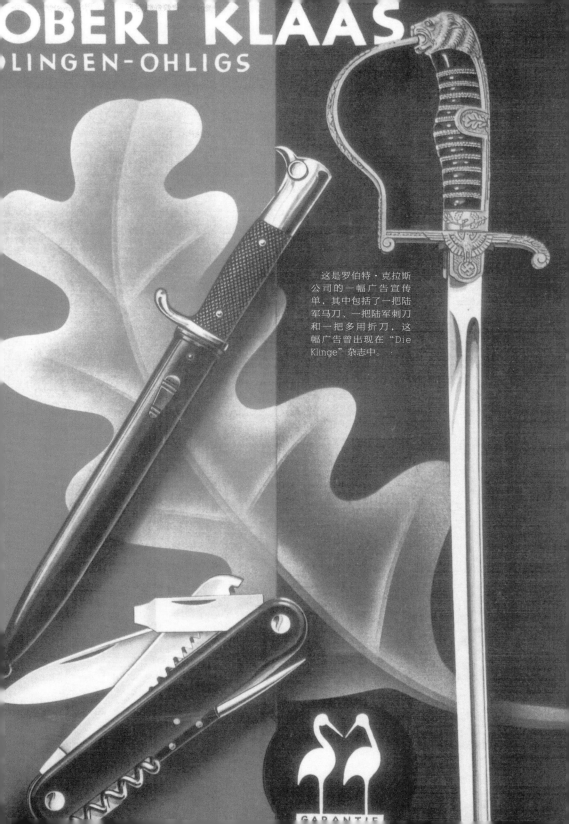

ROBERT KLAAS
SOLINGEN-OHLIGS

这是罗伯特·克拉斯公司的一幅广告宣传单，其中包括了一把陆军马刀、一把陆军刺刀和一把多用折刀，这幅广告曾出现在"Die Klinge"杂志中。

GARANTIE

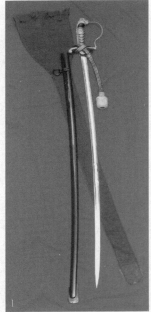

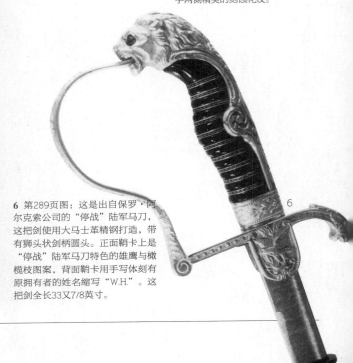

1 这是这把双面雕花陆军马刀附带剑鞘和原厂储存袋的照片。

2 这是一把阿尔克索公司用大马士革精钢打造的带有狮头状剑柄圆头的陆军马刀，是送给骑士十字勋章获得者罗伯特·齐格尔（Robert Sieger）的赠予品，背面鞘卡上用花体字母刻有他的名字缩写"R.S."。

3 这把陆军马刀剑身背面特写照片，注意上面蚀刻的"Motorboot-Standarte Rhein"（莱茵河摩托艇旗队）字样和字样两旁的精美花纹。

4 这把陆军马刀剑身正面特写照片，注意上面蚀刻的字样为"Ihrem Gruppenführer die"（赠予地区总队长）。将剑身正反两面字样连接起来的意思就是"赠予莱茵河摩托艇旗队的地区总队长"。

5 这是齐格尔的陆军马刀剑身正面上蚀刻字样的特写照片，字样内容为"Dem Ritterkreuzträger Robert Sieger in Dankbarkeit die Stadt Wipperfürth"（赠给骑士十字勋章获得者罗伯特·齐格尔，以表达来自维泊福尔特城的感激之情）。注意文字两侧精美的刻蚀花纹。

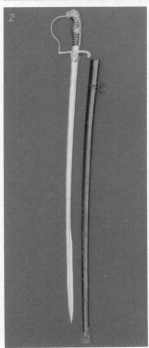

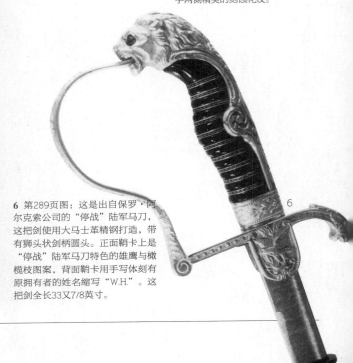

6 第289页图：这是出自保罗·阿尔克索公司的"停战"陆军马刀，这把剑使用大马士革精钢打造，带有狮头状剑柄圆头。正面鞘卡上是"停战"陆军马刀特色的雄鹰＆橄榄枝图案，背面鞘卡用手写体刻有原拥有者的姓名缩写"W.H."。这把剑全长33又7/8英寸。

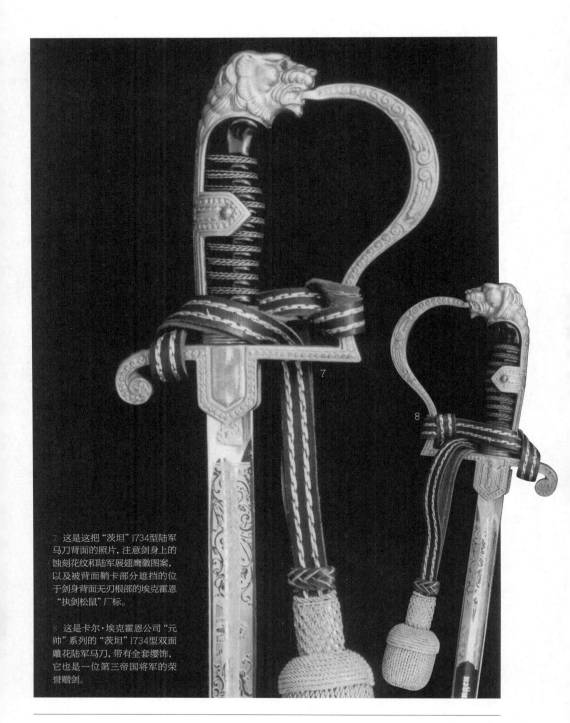

7 这是这把"茨坦"1734型陆军马刀背面的照片,注意剑身上的蚀刻花纹和陆军展翅鹰徽图案,以及被背面鞘卡部分遮挡的位于剑身背面无刃根部的埃克霍恩"执剑松鼠"厂标。

8 这是卡尔·埃克霍恩公司"元帅"系列的"茨坦"1734型双面雕花陆军马刀,带有全套缨饰,它也是一位第三帝国将军的荣誉赠剑。

美国陆军越战试验装具
LINCLOE

作者/ 赵宇

1965年，基于题为"战斗步兵装备减重研究"（A Study to Reduce the Load of the Infantry Combat Soldier，1962）和"减少战斗步兵体能消耗的研究"（"A Study to Conserve the Energy of the Combat Infantryman，1964）的两份研究报告，美国陆军启动了一项名为"轻量化服装和装备项目"（Lightweight Clothing and Equipment，LINCLOE）的量化装备需求（Quantitative Materiel Requirement，QMR）。该项目的立项标志着美国陆军对单兵装具系统轻量化研究的正式启动，其旨在为士兵提供灵活的战斗承载方案，以适应瞬息万变的战场环境。

虽然LINCLOE项目在1966年4月27日得到陆军装备司令部技术委员会的批准后才正式启动，但早在1961年，美国陆军对装具的轻量化尝试就已经开始，使用尼龙面料和铝制背架的轻量化背囊（Lightweight Rucksack）此时已配发部队，这套背囊起初是作为M1952山地背包的代替品研发的，重量仅3磅，而使用帆布面料和钢背架的M1952山地背包则重达7.5磅。轻量化背囊的配发引起了军方的注意，他们开始对M1956装具轻量化这一课题开展非正式调研。1962年，军方试制了一批使用尼龙面料制作的M1956装具，整套装具仅重3磅，而使用帆布的配发品M1956装具重5磅。军方看到尼龙在用于装具方面表现出来的相对帆布优异性能：重量轻、耐磨损、不易吸水、不会霉烂等。之后，军方决定开始用尼龙代替帆布生产装具。一项对比数据表明：帆布装具浸水后增重40%，而且很难晾干，而尼龙装具则只增重8%且很快就能晾干。

承载装具设计的原型要求

LINCLOE QMR项目正式将装具部分纳入项目目标，该项目的装具部分被叫做LINCLOE LCE（Load Carrying Equipment，承载装具）。装具轻量化研究以轻量化背囊和试制的尼龙M1956装具为基础。LINCLOE QMR项目的附件A里对装具部分的重量指标要求如下：成品装具系统预期重量要小于3.3磅，背囊重量小于3磅。而在

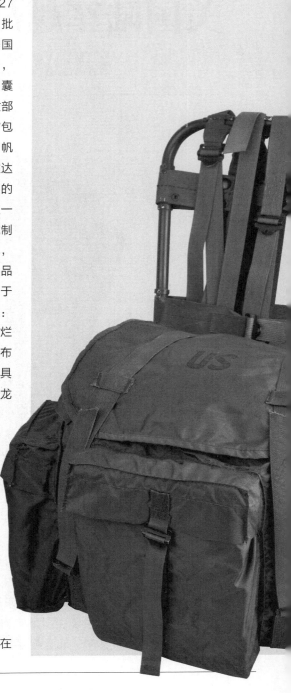

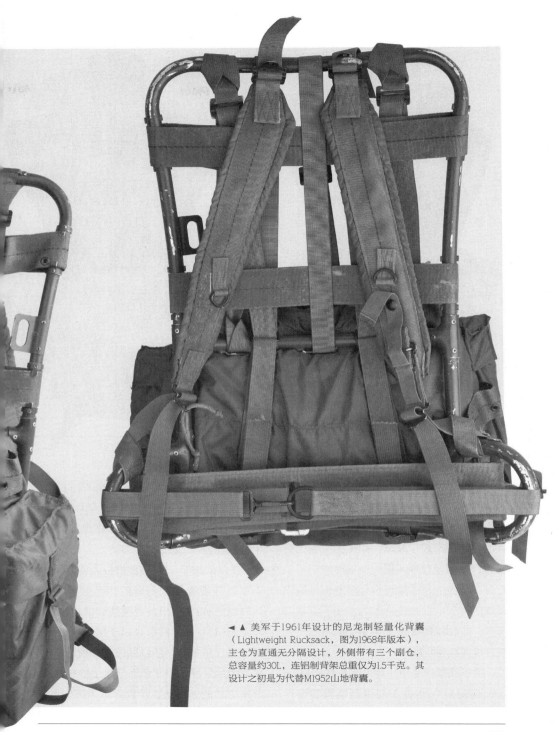

◀ ▲ 美军于1961年设计的尼龙制轻量化背囊
（Lightweight Rucksack，图为1968年版本），
主仓为直通无分隔设计，外侧带有三个副仓，
总容量约30L，连铝制背架总重仅为1.5千克。其
设计之初是为代替M1952山地背囊。

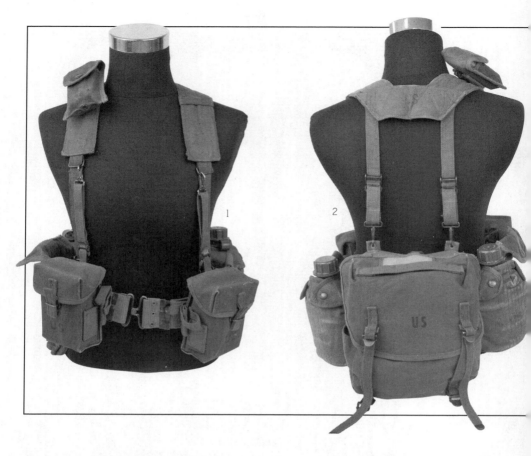

1968年，美军就已经采用了专为热带环境设计的M1967 MLCE装具。

　　LINCLOE LCE项目最初打算使用更轻的材料生产现役装具：如使用尼龙代替帆布，使用塑料件和铝代替铜件和钢等。此外，全新的背负系统设计将原型轻量化背囊的背架的曲线设计改为直线，背架将作为一个稳固的平台，用来挂载不同尺寸的背包或其他装备。

　　由于武器的变更（期间美军使用M16步枪代替M14步枪）对弹药装具的设计

指标也产生了重大影响。虽然LINCLOE QMR项目立项之初并未考虑这个问题，但对于新武器配套的装具性能指标也在1966年1月被纳入该项目。

　　在越战初期，M16步枪投入使用。由于军方并没有配发配套的弹药装具，士兵只能把M16的20发弹匣装到M1956装具中的M14弹匣包里，由于M16弹匣比M14弹匣短很多，所以装进去后很难拿出来，士兵只好在弹匣包底部垫上纱布块或者净水片瓶来解决这个问题。1965年，

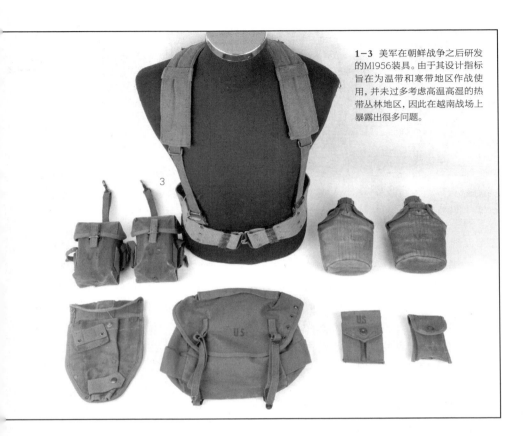

1-3 美军在朝鲜战争之后研发的M1956装具。由于其设计指标旨在为温带和寒带地区作战使用，并未过多考虑高温高湿的热带丛林地区，因此在越南战场上暴露出很多问题。

▲ LINCLOE LCE项目的原型系统，尼龙版本的M1956装具。

► 尼龙制M1956装具资料图片。其组件基本设置和其原型一样，分为背带、腰带、弹匣包、指北针/急救包、铲套、水壶包、干粮包和睡袋携行具。这套装具同时也是M1967装具系统的原型参考。

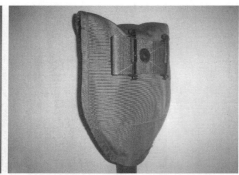

▲ 尼龙版M1956装具里的二折铲套。

陆军武器司令部（US Amy Weapons Command，USAWECOM）致信陆军作战发展司令部（US Army Combat Developments Command，USACDC），寻求为M16步枪新配备的30发弹夹设计配套的装具。于此同时，在越南作战的美军也在寻求新的装具，他们需要为M79榴弹手配备一款背心式装具。12月，作战发展司令部向隶属于陆军装备司令部的纳提克实验室（US Amy Natick Laboratories，NLABS）提交了这一需求。但除了M79榴弹背心之外，他们在这份需求里还提出了另一款背心式装具。这款背心配备给M14或M16步枪手使用，用于容纳步枪弹药。作战发展司令部还建议在这两款背心上设计可拆卸的M14或M16弹匣包，并建议将这两款背心纳入LINCLOE LCE项目。

1965年12月，纳提克实验室在一封致陆军作战发展司令部的信中要求为M79弹药背心和M14/M16弹药背心明确需求。作为对纳提克实验室的回应，作战发展司令部为这两件装备明确了需求，并建议将这些装具作为LINCLOE LCE的组件来研发，还建议令其能挂载M14/M16弹匣包以携带额外弹药。1966年3月，陆军部装备研发办公室主任正式许可陆军装备司令

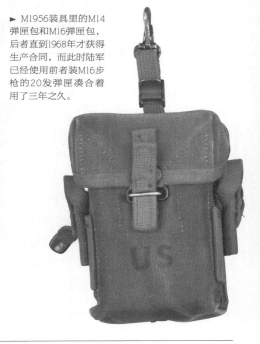

► M1956装具里的M14弹匣包和M16弹匣包，后者直到1968年才获得生产合同，而此时陆军已经使用前者装M16步枪的20发弹匣凑合着用了三年之久。

▶ M79榴弹背心。它最初是由一名在越南战区服役的陆军特种部队士官设计的，1965年早些时候，他将自己设计的原型榴弹背心提交给纳提克实验室，实验室对其改进和完善并纳入LINCLOE LCE项目。当年10月14日，6687件试验版榴弹背心发放给美军在越南作战的单位进行测试，并为身材普遍比较矮小的南越军队（ARVN）生产了大约10195件小尺码的榴弹背心。经过实战试用和改进，最终于1968年正式量产。这款榴弹背心可容纳20枚40mm高爆榴弹和4枚40mm特种榴弹（防暴弹、照明弹和信号弹等比普通杀伤榴弹更长的弹药）。在1968和1969最初两年生产的榴弹背心上，肩部的四个榴弹包并不像图示这种加长的，而且所有的按扣全都是塑料的。后来根据越南战场的反馈进行了修改变成现在这样。这件装备一直用到80年代末，即便新配发的IIFS系统装具里集成了新的榴弹背心，这件老的榴弹背心仍然没有被完全代替。

部启动对"装备M79榴弹发射器和M14/XM16E1步枪的单兵配备的弹药背心"这一项目的研究。该项目将作为LINCLOE LCE的项目的一部分,其技术特性应满足LINCLOE QMR的指标。

然而由于主要精力集中在如何满足美军在越南热带地区作战装具的迫切需求,对这两件背心的研究的进展缓慢。其中M79榴弹背心设计成型并通过测试配发部队,但M14/M16弹药背心的研发进度却停滞不前,甚至连一个成型的概念原型设计都没

► 试验中的M60背心,这件装备于1969年11月由纳提克实验室设计完成,并与次年发给美军在越南的作战单位进行测试。它的主体部分和M79榴弹背心相似,正面缝有两个容纳M60弹链的大口袋。然而这件背心最后并没有得到量产,其设计从LINCLOE LCE项目中删掉了。

▲ 越战期间的轻量化弹药携行背心(Lightweight Ammunition Carrying Vest),其实这件背心并不是1965年陆军作战发展司令部向纳提克实验室提出的那件步枪弹药背心,而是1969年春季在越南的第25步兵师向陆军装备司令部驻越南办事处提出的。他们需要一件类似于M79榴弹背心的装具容纳M16步枪的20发弹匣来代替7格斜挎弹药带。这一需求于6月16日转发到纳提克实验室进行设计。10月16日背心原型设计完成,400件背心成品于1970年1月26日运往越南战区。在战区测试成功后更多的背心被生产出来装备给南越军队。这件背心有20个容纳单个20发步枪弹匣的使用按扣盖子小口袋,背后预制了两个水壶包。然而这件装备在越战之后并没有继续装备,可能是由于步枪弹匣的变化导致。

有提出来。1967年3月15日，纳提克实验室召开会议对该原型概念方案进行讨论。会议达成了以下结论：步枪弹药承载方案应该以传统的"背带+腰带"的LCE类装具为基础，搭配一个容量比M1961干粮包更大的背包，这个背包可以挂载在腰带、肩带或者背架上。而背架及其配用背带独立于承载背带和腰带之外，背在其外面，并带有一个可拆卸的托架。此外，会上还讨论了一个容量更大的背包的方案，但是否采纳该方案还需上报陆军部进行审批。

针对概念原型的初次设计

针对概念原型提出的需求和指标，美国陆军设计生产了六大类产品，这六大类产品构成了整套装具体系，下面就分别来进行讲解。

承载腰带

新的承载腰带和M1956腰带的设计基本一样，但使用尼龙代替棉布、铝件代替扣眼部位的铜件以及用塑料快拆扣代替了原先的铜腰带扣

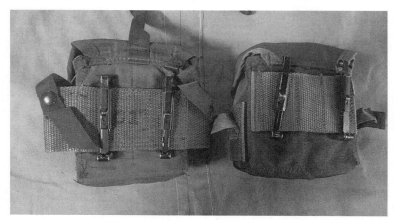

▼ ◄ LINCLOE LCE 第一版原型装具系统里的20发M16步枪弹匣包（右）和M1967装具系统M16步枪20发弹匣包（左）。LINCLOE LCE弹匣包除了没有提升带，还修改侧面挂载手雷的结构。M1967装具系统中的M16步枪30发弹匣包也沿用了这一结构。

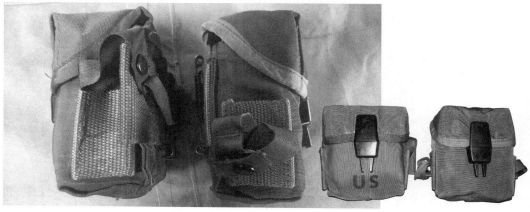

战斗背心

战斗背心的主体由尼龙网布面料制作，可调节以适应不同身材的士兵。它将代替H带，通过带子和钩子挂接到腰带的上排孔眼。背心的前胸和后背都附有织带，可挂载使用铁卡的弹夹包或者其他装备。背心在胸前部位用魔术贴和按扣开合，背后的带子可很方便地调节尺寸。

小号背包

小号背包实际上是一个小号尼龙面料制作的桶包，主仓开口部分是涂胶的防水

▲ 战斗背心。

▲ 小号背包资料照片。

◀ 测试版弹匣包盖子里手写的编号。

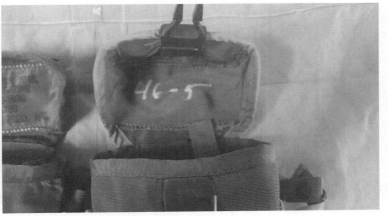

▲ 小号背包实物照片。

喉，装载物品之后这部分可卷起来确保防水，背包正面外侧带有一个副仓，内部贴背侧设有一个信封式的分隔，包的两侧设有织带可挂载其他附包。这个背包并没有背带，取而代之的是背面两边缝的两条ABS塑料条，塑料条的上下共有四个金属挂载点，可挂载到背架上，再锁定到对应位置的装置上背负携行。

大号背包

　　大号背包在设计上是为了给高山或寒带地区作战的单位使用，因此它容量很大以容纳寒带地区必须的睡袋、保暖衣物和其他补给品。除此之外还可以供特战单位使用。然而此时大号背包的设计实际上还没有通过测试来验证其是否合理。

　　大号背包同样采用尼龙面料和桶包设

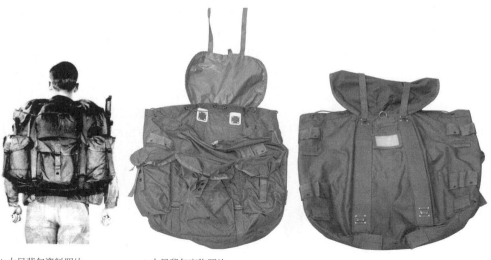

▲ 大号背包资料照片。　　▲ 大号背包实物照片。

计，盖子带有夹层，主仓开口采用抽绳收口，正面下部设有三个大型副仓，其中两侧的副仓和本体之间只有两边用车线连接，上下可直通，这个设计配合背包上设置的挂载点可用来挂载携行如开山刀等较长的装备，插到副仓后面减少晃动。正面中间的副仓用日字扣和带按扣的织带构成的扣子开合，这样免去每次打开的时候都要先松开日字扣的繁琐步骤。背包的两侧和底部都缝有挂载织带，可以加挂其他附包和物资。大号背包同小号一样没有自己的背带，它的背面也带ABS塑料条和金属扣具，用扣具和背架上的锁定装置配合锁紧。

铝制背架

铝制背架采用矩形设计，外框由整条管材弯曲而成，铝制扁条代替初第一版原型设计里背架十字结构部分的铝管，背架顶部顶部稍向贴背侧弯曲以顶住背负人员的肩部。背架的背带下端和底部一片弯折的铝材相连接，这部分还带有一条可快拆的一寸腰带。背带上端有带弹力的铝制扣具，和背架顶部的D型环相连接。

▶ 铝制背架资料照片。

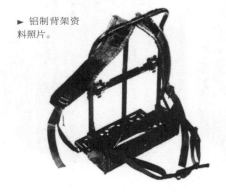

▲ 铝制背架实物照片，背包和背架通过金属扣具固定成一个整体。

背带长度可调并带有快拆扣。背架十字结构的横条和底部带有锁定装置，用来锁定背包背面的金属扣。设计上大小两种背包都需要挂接到背架背负使用，但在背架损坏的情况下背带也可以拆下来安装到背包上使用。背架底部贴背一侧有一条3英寸宽的绷紧的尼龙织带，这条带子起到垫子的作用，和使用者的腰部接触。

其他补充装备

其他补充装备，包括弹夹包、指北针/急救包、水壶包等，直接使用M1967装具系统同款装具的设计，但三折铲套的设计

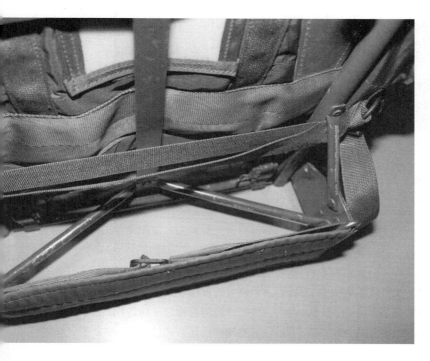

◀ 铝制背架实物
照片。

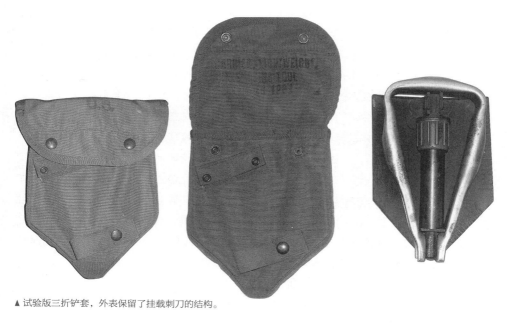

▲ 试验版三折铲套，外表保留了挂载刺刀的结构。

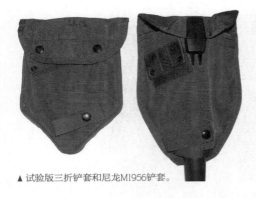

▲ 试验版三折铲套和尼龙M1956铲套。

进行了一点修改：把M1967三折铲套的插扣换成了两个按扣。

1968年3月26日，纳提克实验室开始对这套装具进行设计特点评审和原型系统评审（Design Characteristic Review/Prototype System Review，DCR/PSR）。并建议对LINCLOE LCE装具完成设计评审之后进行工程/服务测试（Engineering/Service Test，ET/ST或EST）。在设计变更所需的测试完成之前，将不再进行评审。1968年6月3日，在陆军部首席研发办公室致陆军作战发展司令部和陆军装备司令部的信中批准了对LINCLOE QMR附件4的修改，大号背包被正式纳入需求。

初始设计的第一次改进

1969年7月，由纳提克实验室LINCLOE LCE项目组的成员驻厂监制，位于弗吉尼亚州里士满市的陆军后勤中心生产了这批被测的试验装具，这批装具交付以下单位进行测试：陆军步兵委员会

（US Army Infantry Board，USAIB，位于佐治亚州本宁堡）、陆军热带测试中心（US Amy Tropic Test Center，USATTC，位于当时巴拿马运河区克莱顿堡，现在该地区属于巴拿马共和国）、陆军极地测试中心（US Amy Arctic Test Center，USAATC，位于阿拉斯加州格利堡）以及通用装备测试活动中心（General Equipment Test Activity，GETA，位于弗吉尼亚州李堡）。不过一部分送交测试的装备和先前进行设计特点评审/原型系统评审时的样品有明显不同，主要区别有四点：一、腰带取消了中间用于调节长度和腰带末端的钩子配合的孔，取而代之的是腰带末端改用两个钩子和剩下的两排孔配合调节长度；二、背心前襟原本用按扣和魔术贴开合，现改为两个插扣开合；三、指北针/急救包和水壶包配用的铁卡换成塑料材质；四、注塑工艺的塑料三折铲套代替原先的尼龙铲套。

测试单位在当年陆续展开对这些装具的测试工作。借试验新装具机会，7月19日由本宁堡总指挥、本宁堡步兵学校总指挥等多部门领导组成的调研组在本宁堡召开会议，讨论如何改进步兵装具。纳提克实验室LINCLOE LCE项目组成员应邀参加会议，并在会上汇报LINCLOE LCE项目的进展进度。然而本宁堡的相关领导并没有意识到LINCLOE LCE项目和其他装备相对现役装具的改进之处。

会后，本宁堡又组建了一个由士官组成的调研组，纳提克实验室安排领导调研组

和士官调研组于8月5—6日参观实验室，此次参观旨在向调研组展示研究改进成果并交换建议。参观之后，调研组就当前正在进行测试的LINLCOE LCE装具和尼龙版M1956装具提出了改进建议和意见。

整个修改建议和意见包含有十个大项，三十四个小项目，涵盖了承载腰带、背带、水壶套、三折铲套、指北针/急救包、弹匣包、背包、背架、M60机枪弹药背心和M79榴弹背心等多个方面，下面就进行分别的介绍。

一、承载腰带

1、腰带扣需要增加快拆功能。

2、需简化腰带长度调节方式。

3、由于了改变长度调节方式，需相应取消掉腰带中间一排开孔。

二、背带（H带）

1、需加宽肩垫部分。

2、不再划分尺码，可通过调节使单一尺码的背带能适用所有人（M1956装具的H带按宽度和长度分为R、L和XL三个尺码）。

3、用日字扣代替原先的翻片扣调节长度。

4、每条带子上都应有一个收纳圈，以收纳多余长度的带子。

5、将背带由H型改为Y型，背后部分只需一条带子。

6、将缝在肩带肩垫部分外侧的横向织带移到肩垫前端，以方便挂L型手电或者指北针包等小物件。

7、现有的肩带肩垫不适合长时间使用，也不适合热带环境使用。

8、扣具和钩子等金属件都需换成塑料材质。

三、水壶套

1、需去掉水壶套里的保温层。

2、需加大尺寸。

3、壶套外部需增设一个装净水药片小瓶的小口袋。

4、需用塑料制的卡子代替金属卡子。

▲ 第二版LINCLOE LCE方案里的水壶套，使用单层尼龙面料并将底部换成一条宽织带。

四、三折铲套

1、需加大尺寸以容纳最新型号的三折铲。

五、指北针/急救包

1、需加大尺寸以容纳两包绷带。

六、弹匣包

1、当弹匣包未装满时，包内弹匣也需保持固定位置不会晃动。

2、用固定带和口袋组合的结构代替原弹匣包两侧挂载手雷的结构。

3、需增加底部排水孔的直径，除排水外还可将其他异物排除。

4、用塑料插扣代替原先的抽条扣。

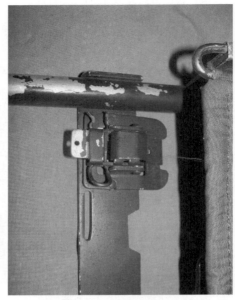

▲ 背包通过包背面的钩子和背架上的这种结构复杂的锁定装置配合接挂载到背架上。

七、背包

1、需设计大小两种尺寸的背包，小号背包应是大号背包三分之二的容量。

2、两种背包外侧都需三个大的和三个小的外置口袋，背包两侧增加（M1910挂载点）和捆扎带，以便悬挂和捆绑携带其他装备。

3、背包内贴背一面增设一个可用来装电台的口袋。

4、需要设计配套的防水袋。

5、肩带需可快拆设计。

6、背包两侧增设压缩带，以便在没有装满的情况下减小晃动。

1-4 第二版LINCLOE LCE系统的背架，增设了一条背垫，主体结构与后来的ALICE背架已经很接近了。

八、背架

1、背架底部应增设长度调节设计，使

其增加6-8英寸的可调范围，以适应不同
身高的军人。

2、背架的十字结构应设置成可调节的
结构。

3、在背架中间位置应增设一条横向的
类似于腰垫的背垫。

4、肩带需要经过防腐处理。

5、必要时肩带可拆卸下来挪作他用。

九、M60机枪弹药背心

1、整件背心使用网状尼龙面料，并且
可携带两个M7突击包或者一个T7附包。

十、M79榴弹背心

1、除榴弹袋，整件背心的其余部分均

需改用网状面料。

纳提克实验室的人向调研组解释，其
中有些建议一时无法满足或者不合理：如
小号背包外部没有足够的地方增设额外的
三个口袋；可调节长度的背架需要时间对
现有背架重新设计，而且不仅不会有很好
的预期效果反而还会增加重量；弹药的重
量会使网状面料的背心扭曲，使用普通的
尼龙面料则不会。经过讨论，在合理和不
影响LINCLOE QMR性能指标前提下，纳
提克实验室采纳了他们的部分建议，并提
供六套改进后的装具进行测试。

然而这些改进后的装具，在测试之初
就暴露出非常多的问题，主要有以下八

▲ 根据改进意见修改的第二版LINCLOE LCE装具（1970年）。

点：一、背架顶部用来栓背带的两个D型环的间距太大；二、小号背包背面用来固定金属扣具的ABS塑料条容易损坏；三、水壶包使用的塑料腰带卡容易损坏；四、水壶包和铲套上的塑料按扣容易损坏；五、弹匣包上的塑料插扣容易解体丢失；六、承载背心上用来调节尺寸的织带弹簧夹焊点易脱焊和解体；七、背架上用来配合背包所设置的金属扣具锁定装置容易失效；八、背架容易掉漆和划伤。

由于在测试刚开始就已经发现足够多的问题，测试也因此无法进行下去了。1969年12月30日取消了进一步的热带环境测试，针对小型背包的测试也被叫停，纳提克实验室把库存的25个小号背包样品背面的ABS塑料条改为高密度PE材料以解决容易损坏问题，修改后的背包继续参加测试，但背架锁定结构失效的问题仍然无法解决。1970年3月，针对背包的测试再一次被叫停。

1970年1月，调研组完成了对六套改进

后的装具的评估。3月17日，在本宁堡召开会议，对这次评估结果进行讨论评审。会上对每一件被测装备的评估结果都进行了仔细的讨论，与会人员认为这些装备还需要继续进行改进才能达到可接受的水平，并认为在根据修改建议和新的性能指标需求生产新装具之前，应该停止对LINCLOE LCE装具的进一步测试。

陆军作战发展司令部在1970年3月25日致信陆军装备司令部，通知了他们这次会议的结果，同时建议停止测试。在肯定了纳提克实验室的工作的同时，陆军装备司令部接受了这个建议，1970年4月7日对LINCLOE LCE装具的测试被中止。

1970年4月15日，陆军装备司令部向陆军作战发展司令部回信，信中描述了根据3月17日的评审会的达成的修改建议进行改进的下一代LCE装具，其中九个组件进行了改进。

一、承载腰带

按照建议进行修改，新的腰带取消中间一排开孔并使用铝制快拆腰带扣。

二、水壶包

按照建议进行修改，解决背卡容易损坏的问题。按扣继续使用塑料的、但是改进过的版本。

三、三折铲套

按照建议进行修改，按扣一样换用改进过的版本。

◄ 使用塑料背卡的测试版水壶套。

四、背带

按照建议进行修改，背后部分的带子末端改为倒置的Y字型，提供四个悬挂点，比之前的三点悬挂更稳定。

五、指北针/急救包

将根据军医处的建议和数据进行修改。

六、背架

按照建议进行修改，除了使用阳极氧化工艺代替涂漆对背架进行处理，以解决掉漆和划伤问题，可调式背架将作为先进设计单兵服装和装备系统（Advanced Design Individual Clothing and Equipment System，ADICES）的一项定量装备研发目标（Qualitative Materiel Development Objective，QMDO）进行研究。

七、大号背包

按照建议进行修改，使用改进的不易损坏的按扣，外部增设三个可容纳30发M16步枪弹匣的小口袋，内部配可拆卸的防水袋。

八、小号背包

按照建议进行修改，使用改进的不易损坏的按扣，内部配可拆卸的防水袋，按照大号背包的设计在主仓里增加分隔。

九、M60机枪手背心

按照建议进行修改，除此之外还将增大调节范围以适用不同身材的军人。

除了新装备的改进描述，信中还建议尽快召开一次协调会，讨论对LINCLOE QMR及其相关的技术指标的必要修改。陆军装备司令部指示纳提克实验室准备对

1965年制定的技术指标和QMR项目的附件A（即LINCLOE LCE装具性能预期指标）进行修订，以及对完成这些修改的预期时间和成本进行估计。

这次协调会于1970年5月7日在陆军装备司令部总部召开。会议决定由陆军作战发展司令部制定新的单兵装备的基本性能指标和理想性能指标需求并送报陆军部批准。

根据陆军装备司令部信中指示的建议，新的装具在4月到6月上旬期间生产出来并在6月18-19日交给本宁堡的调研组进行评审。

1970年7月29日，陆军作战发展司令部的威廉姆森少校和LINCLOE LCE的项目主任梅茨格先生在纳提克实验室会见，共同为LINCLOE QMR的技术指标进行重新修订，此次修订以3月17日的会议结果为基础，其目的在于使指标和现有的样品以及新的需求相符。然而在这次会见中有一个分歧：项目主任主张在LINCLE QMR指标里加入第三个背包，即LINCLOE LCE系统的小号背包。尽管在先前的测试中，士官调研组认为它容量太小，最终还是需

1~3 第二版LINCLOE LCE系统的中号和大号背包。

▲ 背架底部一角。

要服务测试来决定其去留。热带背囊（使用X型钢背架的三兜尼龙背囊）的包体部分在测试之后，根据士官调研组的建议进行了修改，使之既可以配合背架使用，也可以不用背架单独背负。

　　1970年7月30日，陆军后勤部副总参谋长召开会议，对研发第二版LINCLOE LCE装具所需要的预算和时间表进行评审。对LINCLOE QMR的修订也在会上被通过，但需要作战发展司令部在向陆军部通信的引言或附函里证明指标里对装具重量指标明显增加的必要性，因为这一结果和LINCLOE

▲ 背架的背面。

▲ LINCLOE LCE系统的三种尺寸的背包，但其中小号背包由于容量太小最后被取消，中号和大号背包得以保留，后来成为ALICE系统的一部分并一直使用到现在。

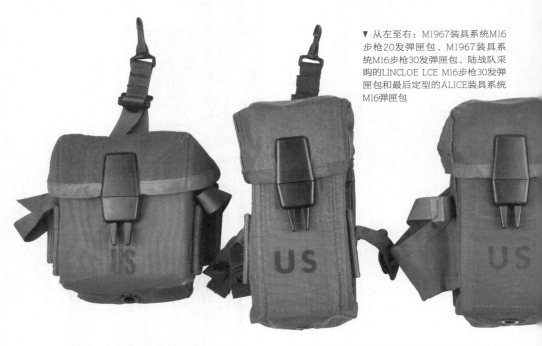

▼ 从左至右：M1967装具系统M16步枪20发弹匣包、M1967装具系统M16步枪30发弹匣包、陆战队采购的LINCLOE LCE M16步枪30发弹匣包和最后定型的ALICE装具系统M16弹匣包

QMR项目的出发点相矛盾（通过减轻装具重量减少士兵的体能消耗）。

陆军作战发展司令部在1970年9月25日向陆军部发出了这一信函，正式提出QMR项目指标的变更申请。陆军部批准了这一变更申请，并在1970年10月2日给陆军作战发展司令部和陆军装备司令部的回信里另附了一封评论。10月5日，对原型系统特性的评审会在纳提克实验室召开。陆军部审阅并批准了LINCLOE QMR及其对应的技术特性的大部分修改。修改后的原型系统需要测试来证明。

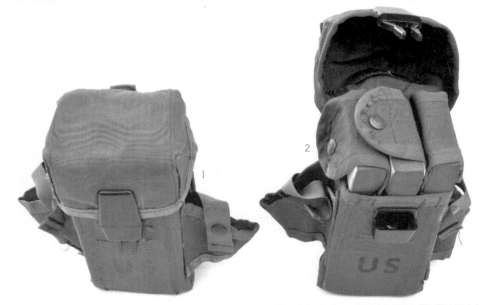

1~3 在LINCLOE LCE测试期间，测试版弹匣包被发往各个测试单位进行试验和评估。虽然测试发现独立带扣带的设计会妨碍弹匣取出（此设计在最终定型时被取消），但海军陆战队没有等到LINCLOE LCE测试结果，就在1972年批准了对这一型号的弹匣包的采购，以补充自己急需的M16步枪配用30发弹匣包。图为陆战队采购的这一版本的弹匣包。

　　纳提克实验室根据这最后的修改建议，生产了15套装具，这些装具在1970年11月17日发往陆军驻欧洲部队进行测试。

第二版设计的再次改进

　　1970年10月，位于里士满的陆军后勤中心收到一则生产指令，需要他们按照原型系统的最终设计方案生产300套装具。这些装具将交付纳提克实验室进行组装，并在次年8月交给以下单位进行测试：陆军步兵委员会（US Army Infantry Board，USAIB，位于佐治亚州本宁堡）、陆军极地测试中心（US Amy Arctic Test Center，USAATC，位于阿拉斯加州格利堡）、海军陆战队驻匡提科部队以及德文斯堡的陆军第十特种作战群。然而在本宁堡的测试单位在测试前的检查中发现部分背包背面里侧上部位置的塑料片损坏，这块塑料片原本是为了防止金属背架对背包面料的磨损和割裂而设置的。此外，背包腰带的快拆扣也不能正常发挥作用。陆军步兵委员会和陆军极地测试中心将这些损坏的背包和腰带发回纳提克实验室进行更换。更换的背包在11月发回测试单位，对这些装具服务测试正式开始。

截至1972年3月，在对这些装具的测试中已经暴露出了足够多的缺陷和不足，陆军测试和评估司令部（US Army Test and Evaluation Command，USATECOM）要求在替换或者修复被测装备之前，先停止在本宁堡的测试，但在热带测试和寒带测试仍然继续，以确认在其他环境下会不会暴露出新的问题。

1972年4月6日在本宁堡召开了一次会议，陆军装备司令部、参加测试的陆军步兵协会、陆军测试和评估司令部以及纳提克实验室的代表参加了此次会议。会上，主持测试的主官提供了一份关于测试中暴露出来的问题的详细报告。在随后的讨论中，要求纳提克实验室按提出的要求修改装具并补充给测试单位，以使测试能够在6月9日能够继续进行下去。改进的需求包括以下六个方面

一、提供50套Y型背带。将之前肩带上的可调的一寸叉型塑料插扣（类似于后来ALICE弹夹包上使用的插扣）替换成更简单的钢片冲压日字扣，因为叉型塑料插扣的公头在受力时会向内弯曲，然后自行脱开。而且因为这种扣子可调，更显得插扣是没有必要的，换成日字扣即可。

二、提供50条背包快拆肩带。原本的背包肩带就带有快拆功能，但因为快拆抽条是用软的织带叠起来缝制的（类似轻量化背囊和热带背囊的肩带快拆抽条），因此拉开快拆扣之后经常会卡在固定环里，使得快拆失败。新的快拆扣抽条将使用更硬的织带制作来解决这个问题，同时使用钢制扣具和钩具代替原先的铝件。

三、提供50套背架用的背垫带子（背架中部和底部绷紧在贴背一侧接触背负者背部的带子）。原先使用的是带活动日字扣的带子将其绷紧，但测试发现这种扣子会自己松开，新的带子将使用螺丝和螺纹扣绷紧。

四、提供100个弹匣包。这批弹匣包改进了测试中暴露出来的不足之处，去掉了弹匣包里让弹匣固定的独立扣带，这些扣带严重妨碍了弹匣从包里取出来的速度，这在激烈交火时是致命的。此外，由于测试中发现样品缝线磨损严重，手雷兜的固定带以及弹匣包背面固定背卡的宽织带会开线脱落，因此新的弹匣包改变了各部分缝合的方式，使用更薄的安全带材质织带代替背卡固定织带，并加强了包边。

五、提供100条缝有加宽的D型环的织带，这些织带是应在本宁堡的测试单位陆军步兵协会的要求追加的。在测试中发

现，背包在不用背架时背负起来相当不舒服，因为不带背架使用的时候两条背带上端只能挂在背包顶部中央的一个D型环上，背的时候会使得两条肩带像剪刀一样从后面夹着背负者的脖子。改善措施是将位于背包顶部中央的单个背带挂点改为对称分开的两个挂点，这些带D环的织带缝在背包顶部对称位置可解决这个问题。

六、提供50件改进的铝制背架。背架的问题主要集中在背带挂环和底部制成部位。原先的背带挂环是铝制，很容易磨损。背架上的铝制的铆钉受到震动的时候会断开。解决方案是用钢制挂环和铆钉代替这些容易出问题的铝制品。此外，使用扁铝条代替底部支撑部位的铝管结构，还对背架两侧底部关键受力点部位各内插一条厚壁铝管以增强这部分强度。这样使得背架可在40磅负重（18千克）的情况下承受住40英寸（102厘米）高度的单底角着地的钢板跌落试验。

此外，这次会议还决定在接下来9周的测试之后，由陆军步兵协会对测试结果进行评估，以决定是否有必要继续对其进行为期120天的勤务测试。

纳提克实验室按照此次会议的修改建议和数量生产了装具，并于6月1日将这些装具空运至本宁堡。但是陆军步兵协会对其进行的测试直到7月3日才开始，并于8月18日结束。最终的测试报告于1972年11月24日提交给陆军测试和评估司令部。陆军步兵协会认为不用再对这套装具系统做进一步的改进了。被测装备的战斗承载装具部分可以完全取代尼龙版M1956装具。生存承载装具（背包）的技术和功能特性被重新进行评估，以确定其是否还有明显的提升空间。对于M60弹药背心的需求则被删掉。

1972年10月31日，纳提克实验室的代表造访本宁堡，向参加测试的单位详细了解每一件在测试过程中出现的问题，并和测试单位就每一件装备的修改建议达成了共识，得到了以下十种装备组件的最终讨论结果。

一、承载腰带

测试版腰带可以接受，但要换回以前的铜扣。测试版腰带使用的是铝制戴维斯（Davis）腰带扣，这种腰带扣有快拆功能，只要扯一下就能脱开。但它存在的问题，是经常会自己脱开。尽管士官调研组在1969年8月5-6日的会议上认为相对于容易脱开这个缺点，它的优点更为明显：可以快拆，而且扁平无突出。但参与测试的人员对此持有相反意见。纳提克实验室此时已经开始研制新型快拆腰带扣来解决这个问题，但由于腰带已经定型，新的扣具赶不上装备时间。

二、Y型背带

测试版背带可以接受，但需要将长度的可调范围再延长4英寸。

三、水壶套

测试版水壶套不能接受，测试版水壶

套仅使用单层尼龙布制作，不仅取消掉了里面的保温绒毛，还将水壶套的底部换成了一条兜底的宽织带，底部两边留有缝隙。但实际上水壶包内部的绒毛除了能保温之外还有助于让水壶包保持形状，因此不能取消（以当时尼龙面料的质量，如果水壶包仅用单层尼龙而没有毛绒内衬，不装水壶时会变得皱皱巴巴的，非常难看）。另外水壶包底部换成一条宽织带也不是好的设计，因为在装入不锈钢杯后，杯子底部两边的底角会从织带两边的缝隙露出，露出来的部分会反光，可能使得敌人容易发现。

四、弹匣包

测试版弹匣包可以接受。

五、三折铲套

测试版三折铲套可以接受。

六、指北针/急救包

测试版指北针急救包不能接受。为了容纳两包绷带，测试版指北针/急救包增加了尺寸以容纳这些东西（以前指北针/急救包只装1包）。然而在测试开始前，配发的单兵急救物资的规格发生了改变，两包绷带被压缩成原先一包绷带的大小，因此装具上的改变就变得没必要了。

七、小号背包

测试版小型背包不能接受。即便它比M1956/M1961干粮包容量略大，但还是显得太小，而且和干粮包的功能重复，没必要使用。

八、中号背包

测试官认为这个背包主要设计用途是和背架一起使用，而对于不使用背架直接背负的情况考虑不足，在这种情况下背包背负舒适性欠佳。纳提克实验室将着手改进这一问题。此外还提出了其他的一些建议：增大主仓里单个储物仓的尺寸，包内部增设固定带以便在没装满的情况下减少晃动。修改后的中号背包将在两周内交给陆军步兵协会进行评估。

九、大号背包

参与测试的人员认为一般情况下没有必要为普通步兵配备这么大的背包，但考虑到寒带、高山或者特种作战等需要携带更多物资的应用场合，大号背包有必要保留。

十、背包背架

背架被认为有点过度设计，一些不必要的结构使得重量超过了预期，主要指的是背架上连接背包的锁定装置。这个设计不仅容易失效，运动的时候还会发出声响。测试组要求纳提克实验室想办法降低背架的重量，最好能将背架上那些发出声响又经常失效误事的金属件去掉。修改后的背包背架将在两周内交给陆军步兵协会

进行评估。

根据这最后的建议，五套修改后的中号背包送交陆军步兵协会进行评审。这批中号背包去掉了背面的塑料条以及上面的钩子，背包背面和背架配合使用的的钩子也被拆除。取而代之的是背包背面外侧顶部增设一个厚垫套子，这个套子将套在背架顶部，而底部使用带子和背架固定起来，构成一个整体。厚垫套子的底部中间开槽，露出背架上的背带环，这样背带可以穿过这个槽固定在背架上。这个修改改进了背包在不用背架时候的背负舒适度。

除了中号背包，背架也进行了修改。除了对应中号背包顶部的背架套的修改，背架上用以和背包背面的钩子配合的锁定装置也被拆除，这个改动不仅减少了整整一磅的重量，还一并解决了金属件松动产生的声响。背带改成弯曲设计，贴合使用者肩膀。

陆军步兵协会在1972年11月27日至12月18日期间对修改后的中号背包进行重新测试。基于这次测试的结果，陆军测试和评估司令部得出结论：在此前的测试中，中号背包和背架的暴露出来的问题已经得到解决，对于中号背包和背架的改进大大超越了在此前的工程/服务测试中对测试样品的改进，中号背包不带背架单独背负使用时的舒适度明显改善。建议中号背包和背架按改进后的设计量产。

最终定型装备

1973年1月17日，在纳提克实验室

对LINCLOE LCE项目进行正式的研发验收（Development Acceptance，DEVA）。经过验收组的投票，LINCLOE LCE的九个组件在经过测试和改进之后，达到验收标准，批准量产，包括：承载腰带，中号/大号（Belt, Individual Equipment, Size Medium/Large）；野战背包，中号/大号（Field Pack, Size Medium/Large）；承载背带（Suspenders）；三折铲套（Carrier, Intrenching Tools）；野战背包背架（Frame, Field Pack）；背架托架（Shelf, Cargo Support）；捆扎带（Stripe, Webbing）；背包罩（Cover, Field Pack, Camouflage Pattern）；弹夹包（Case, Small Arms Ammunition）。

这些装具将作为标准配发装备进行生产，对LINCLOE LCE项目的评审结论：该项目达到预期目的，完成了预期的研究目标。同时宣布LINCLOE LCE项目在此正式结束。

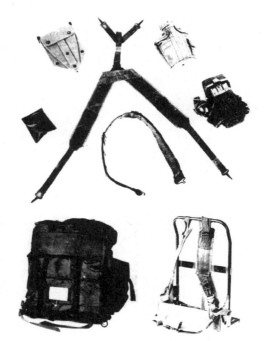

▲ LINCLOE LCE最终定型方案。

◄▲ 除了装具之外，LINCLOE项目里也包含防护装备，试验型钛合金头盔就是其中之一（图为其中的内头盔）。

《世界军服图解百科》丛书

史实军备的视觉盛宴
千年战争的图像史诗

欧美近百位历史学家、考古学家、军事专家、作家、
画家、编辑集数年之力编成。